QUÉ HACER CUANDO TODO CAMBIA

Esteve Almirall

Esquiva la irrelevancia y aprovecha la era de la IA generativa

Planeta

Diagonal, 662-664, 08034 Barcelona (España)
www.editorialplaneta.es
www.planetadelibros.com

Primera edición: marzo de 2025
Depósito legal: B. 2.983-2025
ISBN: 978-84-08-29957-8
Composición: Realización Planeta
Impresión y encuadernación: Unigraf
Printed in Spain - Impreso en España

PEFC Certificado
Este libro procede de bosques gestionados de forma sostenible
PEFC
PEFC/14-38-00305
www.pefc.es

Índice

Prólogo

Llevo treinta años estudiando la innovación y, previamente, la ejercí durante diez años en el ámbito industrial (la mayoría de mis años de ejercicio los he desempeñado en la industria de discos duros informáticos). He visto muchísimas cosas durante ese tiempo. La revolución del ordenador personal, la locura del trabajo en red, internet y ahora la IA, todas estas nuevas tecnologías han impactado de manera importante en los negocios, en la sociedad y en nuestra manera de vivir la vida. Ahora, con el advenimiento de los modelos extensos de lenguaje (LLMs) y la inteligencia artificial general (AGI), la innovación se encuentra en un nuevo y apasionante punto de inflexión.

Este es un momento perfecto para explorar el nuevo libro de Esteve Almirall. Su análisis plantea una cuestión esencial: lo que de verdad importa en el desarrollo de las nuevas tecnologías no es la provisión de dichas tecnologías, sino cómo se adoptan. Lo que una sociedad necesita es beneficiarse de una posible nueva tecnología, no limitarse a anunciarla.

Puede que esto les suene a los estudiosos de la innovación. La distancia entre la promesa de una nueva tecnología y la verdadera distribución de su utilidad ya la vimos en la introducción de los ordenadores personales. Es famosa la profecía de Steve Jobs de que todo el mundo tendrá un ordenador en su mesa. Comentaristas posteriores advirtieron que «se ven ordenadores por todas partes, menos en las estadísticas de productividad» (la llamada paradoja de Robert Solow, de 1987). Esto también lo estudió Erik Brynjolfsson, que analizó el gasto en ordenadores y su repercusión en la productividad en la década de los noventa.* Descubrió que el valor real aparecía solo cuando las empresas adoptaban los ordenadores y los usaban para implementar procesos comerciales nuevos y diferentes. Las empresas que se limitaron a comprar ordenadores para utilizarlos en procesos preexistentes obtenían poco o ningún beneficio.

El conocido como ciclo de sobreexpectación de Gartner ofrece un ejemplo visual.

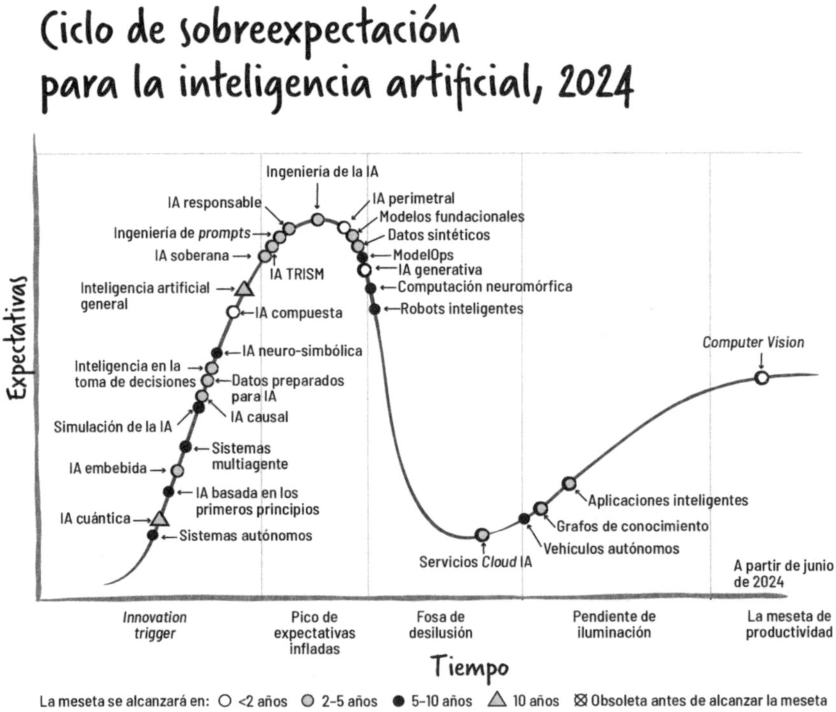

Fig. 1

* Brynjolfsson, E. y Hitt, L. M. (1998). «Beyond the Productivity Paradox», *Communications of the ACM*, 41 (8), 49-55.

Ciclo de *hype* de Gartner (2024) para las tecnologías emergentes

Se ha demostrado que este ciclo de sobreexpectación se da a lo largo de muchos años, y de acuerdo con Gartner, empresa líder en estudios de mercado, sirve para muchas tecnologías. Este gráfico es de 2024, y muestra varias tecnologías que, según las estimaciones de Gartner, están cerca de una adopción global (visión informática, servicios de IA en la nube) o bien muy lejos de dicha adopción (Quantum IA, AGI). Así, en las etapas iniciales de una nueva tecnología, según esta perspectiva, se da un uso más publicitario que real, y eso da paso a un periodo de expectativas infladas (*hype*) seguido de un seno de desesperanza que cambia a una curva ascendente de iluminación para, finalmente, alcanzar una línea recta de productividad.

El periodo inicial de expectativas infladas tiene su utilidad. Llama la atención, atrae las inversiones y promueve la experimentación generalizada. Eso asegura que la nueva tecnología se aborde desde varias perspectivas. Y aunque la nueva tecnología no cumpla con lo que prometía inicialmente, aún pueden darse beneficios positivos. Un ejemplo de esto fue la burbuja de los dominios conocidos como .com a finales de los años noventa, la cual, entre otras cosas, desencadenó fuertes inversiones en el cableado de fibra óptica por parte de las empresas de telecomunicaciones. Cuando la burbuja de las .com estalló en el 2000, gran parte de este cableado estaba sin usar. Sin embargo, la presencia de esta veloz infraestructura facilitó enormemente su posterior recuperación, a medida que las aplicaciones web 2.0 proporcionaban un valor real a clientes reales, gracias en parte a la rápida respuesta de los sistemas de internet a los pedidos de los clientes.

El ciclo de sobreexpectación de Gartner se basa en la perspectiva de un proveedor de una nueva tecnología. Si las mismas dinámicas de la gráfica se miran desde la perspectiva de un cliente o un usuario, la gráfica sería distinta, una curva en forma de ese, más bien. Esto se apoya en un conjunto de investigaciones que han estudiado la difusión de nuevas tecnologías en muchas industrias. Esos estudios demuestran que los clientes necesitan que haya un periodo de gestación durante el cual absorben las posibilidades de la nueva tecnología y experimentan con los modos de encajarla en los sistemas, procesos y modelos de negocio existentes. La adopción de la tecnología cuaja cuando han hallado formas convincentes de aplicar la nueva tecnología en la solución de problemas reales. Esto cuadra bastante bien con el trabajo de Brynjolfsson en los ordenadores personales, mencionado más arriba. La siguiente imagen superpone la curva en forma de ese con el ciclo de sobreexpectación.

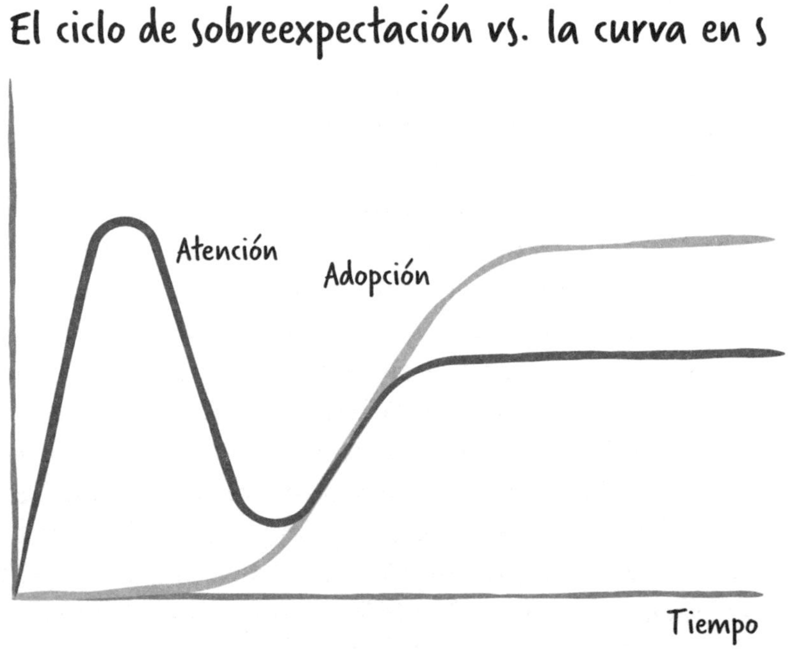

Fig. 2

No olvidemos estos gráficos cuando afrontemos las posibilidades de la inteligencia artificial general (AGI) y los modelos extensos lenguaje (LLMs). Es incuestionable que la provisión de estas nuevas tecnologías —y la inversión de capital para desarrollarlas— es prodigiosa. Sin embargo, los primeros informes de quienes están usando estas nuevas herramientas son más sobrios. Hasta la fecha, se experimenta mucho, pero se adopta poco a gran escala. El ciclo de Gartner nos sugiere que esto cambiará con el tiempo, pero podría tardar más de lo que los proveedores de esas tecnologías (y sus inversores) desearían.

Conozco a Esteve desde hace más de quince años, como tecnólogo, como compañero de trabajo y como amigo. Está perfectamente al día con respecto a las nuevas posibilidades tecnológicas, pero no pierde la perspectiva mientras las estudia. En este libro encontraréis una referencia más que útil, extraordinariamente desembarazada de las exageraciones que con frecuencia vemos en los debates sobre las AGI y los LLMs. Os animará a que probéis a experimentar por vuestra cuenta con las AGI y los LLMs. Pero también os aconsejará que esperéis a que esos experimentos hayan aportado a vuestro negocio beneficios reales antes de hacer inversiones significativas. En este sentido, su análisis es un soplo de aire fresco en mitad de las exageraciones y el ruido que encontramos en los medios de comunicación en relación con estas nuevas tecnologías. ¡Disfrutad de su perspectiva equilibrada, informada y sabia!

Henry Chesbrough

Profesor Maire Tecnimont de Innovación y Sostenibilidad Abiertas, Universidad LUISS, director de Rome Founding Faculty, Centro Garwood para la Innovación Corporativa, Universidad de California en Berkeley, Estados Unidos.

Capítulo 1

¿Por qué la IA generativa te va a decepcionar?

A finales de noviembre de 2022 se lanzó la plataforma Chat-GPT y, a partir de ese momento, el mundo entró en ebullición. Se sucedieron los mensajes apocalípticos de pensadores como Yuval Noah Harari o eminencias de la inteligencia artificial como Geoffrey Hinton o más locales como el español Ramón López de Mántaras, por muchos considerado como uno de los introductores de la disciplina en España.

Estos mensajes se amplificaron y se convirtieron en portadas no solo de periódicos, programas de radio o *podcasts*, sino incluso en televisión. Se sucedieron los actos en donde sesudos pensadores alertaban del fin de la democracia o del trabajo. E incluso lo señalaron como el mayor peligro para la humanidad hasta el momento. Muchos firmaron un manifiesto pidiendo una moratoria de seis meses en el desarrollo de la inteligencia artificial y todos los ojos apuntaron contra OpenAI, la empresa responsable del entuerto.

Al calor de estos avisos apocalípticos se forjaron con urgencia legislaciones para regular la IA y protegernos de sus riesgos. Algunos países recurrieron a procedimientos de máxima urgencia, como es el caso de la Orden Ejecutiva de los EE. UU.; la ley europea fue anunciada como la primera sobre la IA, aunque no entrará en vigor plenamente hasta el 2026.

Sin embargo, nada de todo esto ha sucedido. Los mensajes políticos siguen centrándose en el populismo y las acusaciones fáciles y simplistas cuando no en el «y tú más». Los *fakes* siguen siendo fácilmente detectados y, en general, el uso de la IA generativa en las organizaciones sigue siendo, en muchos casos, marginal.

Podríais pensar que esto es algo particular, específico de la IA generativa, pero nada más lejos de la realidad. ¿Os acordáis de los coches autoconducidos? Los taxistas iban a quedarse sin trabajo y todos íbamos a dejar de conducir casi de inmediato. En este caso, el *hype* ha durado más de diez años. Tesla ha pasado de ser una pequeña empresa cuya propuesta de valor se centraba firmemente en la autoconducción a ser un gigante líder en la fabricación de coches eléctricos. Otras propuestas de Elon Musk han seguido un proceso similar como el Hyperloop, un tren que se desplaza por tubos al vacío a una velocidad similar o superior a la de los aviones, algo que nunca se ha llegado a materializar, pese a que también iba a desterrar la aviación.

¿Por qué nos hemos equivocado tanto en nuestras previsiones? ¿Por qué todas estas tecnologías destinadas a cambiar el mundo finalmente se quedan en lo banal?

En este capítulo responderemos a estas preguntas con dos claves y un modelo. Ello nos permitirá entender mejor no solo el porqué de la enorme discrepancia entre las expectativas y la realidad de los acontecimientos, sino también prever el impacto de estas disrupciones en nuestro entorno más cercano.

La primera clave para entender el proceso tiene que ver con la **adopción.** La transformación de la realidad no tiene que ver con la tecnología, sino con la adopción de esta tecnología por parte de la sociedad.

La velocidad a la que se desarrolla la tecnología y la innovación tiene puntos en los que parece llegar a un nivel exponencial. Esto sucede porque junto a un proceso de mejora incremental encontramos saltos y discontinuidades. De repente —casi de la nada— a partir de un proceso de maduración que nos parece relativamente corto, aparecen desarrollos como la IA generativa, capaces de resumir, traducir, exponer e incluso discutir o generar imágenes a partir de textos, con resultados altamente realistas. Cuando aparecen, su desarrollo se sucede rápidamente con una secuencia de avances que acostumbran a ir al ritmo del interés y los recursos depositados en esta tecnología, dando la impresión de que su avance es exponencial. Sin embargo, llega un punto donde se agotan las posibilidades de mejora; de hecho, estas decrecen en el tiempo porque las mejoras más interesantes suelen aparecer primero. Una vez se han agotado todas las posibilidades de mejoría y le hemos sacado todo el jugo posible a una tecnología, esta se convierte en la frontera tecnológica común y la evolución se agota.

Ahora bien, este proceso, que a nivel tecnológico o de innovación es rápido, no es el mismo en su adopción. Los ciudadanos y organizaciones adoptan estas innovaciones a velocidades diferentes.

> Podríamos decir que, a partir de un descubrimiento, la innovación evoluciona, por un tiempo, a velocidad exponencial. Pero la adopción, que es un fenómeno social, avanza a velocidad humana.

El primer factor que determina el avance de una tecnología o una innovación es la capacidad que tenemos de absorberla o de adoptarla.

Tenemos innovaciones que no precisan de capacidad alguna de adaptación. Una de ellas fueron las *tablets*. Si nos fijamos en el proceso de adopción de las *tablets*, veremos que es casi una línea vertical. ¿Por qué? ¿Qué hace falta para adoptar una *tablet*? Básicamente, comprarla. El sistema operativo es el mismo que los *smartphones*, las aplicaciones son las mismas, la forma de usarlas es igual. De hecho, es un *smartphone* grande. Por ello, para los usuarios, la adopción tiene coste cero, no hay nada que aprender, se trata simplemente de adquirir el dispositivo.

En el caso de las organizaciones, el proceso es algo más costoso. Muchas han adoptado las *tablets* en sus procesos internos para reemplazar libretas y, en general, el uso de papel. Para ello, se han tenido que desarrollar aplicaciones específicas para estas *tablets*. Sin embargo, las herramientas y los conocimientos necesarios para desarrollar esas aplicaciones son los mismos que se utilizan para los *smartphones*. Esto ha reducido de forma significativa las barreras, facilitando enormemente la adopción.

En otras ocasiones, el coste y el esfuerzo necesario para la adopción de una tecnología ha sido mayor, haciéndolo más lento. Un buen ejemplo de ello es el de internet.

Para hacer posible la adopción de internet fue necesario, en primer lugar, que la conexión estuviese disponible y fuese fácil. Muchos de nosotros recordaremos los módems que hace unos años se conectaban a los teléfonos y después a la línea, módems que comenzaron con velocidades de 9600 bits por segundo, y poco a poco fueron avanzando. Ahora bien, no se trataba solo de conectividad. Debíamos disponer de un navegador, como mínimo, y saber utilizarlo. No podías descargarte el navegador porque no tenías conexión a internet, es decir, que necesitabas un CD o disquete y, claro está, había que saber instalarlo.

Estos no fueron los únicos inconvenientes. Inicialmente, había muy pocas páginas webs, y las que había estaban en inglés y para un público fundamentalmente anglosajón. Por lo tanto, tenían un atractivo escaso para el público europeo.

Si la adopción para los particulares fue lenta, podemos imaginar cuál fue el proceso en las empresas. Algunas pocas disponían de conexión a una red interna a través de la cual podían distribuir internet, pero otras muchas no, por lo que primero hubo que instalarla.

Si comparamos estas dificultades con las de la adopción de ChatGPT por parte de los usuarios, veremos cuán diferente ha sido el proceso. En el caso de ChatGPT, simplemente había que ir a la página y probar, escribir algo y esperar la respuesta. El coste de adopción era prácticamente cero. Por ello en apenas dos semanas ya tenía cerca de cien millones de usuarios.

Si miramos a nuestro alrededor, encontraremos la paradoja de que, a pesar de que muchos usamos ChatGPT, las empresas apenas lo usan como organización, más allá del uso profesional individual. La primera razón de esta paradoja es que, si bien su uso individual carece de barreras de entrada, su uso en una organización precisa de la creación de circuitos, la personalización del ChatGPT a las necesidades de la organización, etc. Nada tremendamente difícil, pero las barreras de entrada dejan de ser cero y requieren cambios organizativos que no todas las empresas están dispuestas a emprender de manera espontánea.

Responder a la pregunta de por qué las organizaciones no están dispuestas—de manera inminente— a adoptar nuevas tecnologías que les serían a todas luces beneficiosas, nos va a llevar a discutir las otras dos razones que dificultan la adopción.

Best practices

La forma de competir más obvia de las organizaciones consiste en situarse en la frontera de innovación en la que se encuentran sus competidores más cercanos y su entorno en general. No solo porque sea la manera que menos riesgo conlleva, sino también la que les garantiza su supervivencia.

> Si no cuentas con los mismos instrumentos que tus competidores más cercanos, difícilmente podrás competir y terminarás fuera del mercado.
> Después de una disrupción tecnológica impulsada por tecnologías genéricas, solo quedan dos tipos de empresas: las que han adoptado la nueva tecnología o las que están muertas.

Si observamos a nuestro alrededor comprobaremos que no hay gente que no use internet, ni que no dispongan de un *smartphone*, ni especialmente en entornos empresariales. A partir de cierto momento, la adopción de una tecnología genérica se convierte en una necesidad y desplaza del mercado a aquellos que no la adopten. No hay razón alguna para pensar que con la IA generativa pasará algo distinto.

Ahora bien, hay otro elemento importante: copiar las *best practices* de las organizaciones con las que compites es la manera más fácil de innovar. Situarte a su altura es, en definitiva, la forma más sencilla de innovar, entre otras cosas porque minimiza el riesgo y se aprovecha de la difusión, la exploración y la valoración ya existentes.

Algunos me diréis que esto no es innovar, sino simplemente copiar. Es cierto, pero esta copia nunca es exacta: es un duplicado que modifica esas *best practices* al incorporarlas a tu organización y a tu entorno en particular. Y es al modificarlas cuando se produce la innovación. A menudo se trata de innovaciones pequeñas, de carácter incremental, que nos proveen de mejoras más que de cambios. Pero en otros casos sí encontramos avances fundamentales.

Para que todo eso suceda, esas *best practices* tienen que estar establecidas, ser públicas y, en buena medida, estar codificadas.

Para que estén instauradas, deben existir otras organizaciones que ya las hayan adoptado. Es un pez que se muerde la cola, ¿veis? Pero no basta con esto. Cualquier organización va a ofrecer una resistencia importante a copiar las *best practices* si estas provienen de alguien muy alejado de su entorno, de multinacionales con grandes capacidades de innovación o de organizaciones que escojan estrategias de mucho riesgo. Normalmente se copia al más similar a uno mismo, esperando que lo que le ha funcionado bien a él también nos funcione bien a nosotros. El proceso de adopción de estas *best practices* debe, entonces, descender hasta el nivel de la organización en cuestión.

Esto sigue sin ser suficiente. Para que la adopción se produzca con facilidad, estas prácticas deben estar codificadas, es decir concretadas en pasos y ser públicas, y debe existir la «prueba social» de que son beneficiosas. Si observamos cómo se transmiten esas *best practices*, entenderemos inmediatamente la importancia de la codificación, es decir, que sea posible explicitarlas en detalle.

La simple observación entre empresas no es suficiente para transmitir las *best practices,* aunque esta ayuda a valorarlas cuando las organizaciones que las aplican obtienen buenos resultados. Son los consultores, expertos, profesores universitarios, comunicadores y periodistas quienes facilitan esta transmisión entre organizaciones. Esto es crucial, ya que para que dicha transmisión ocurra, las prácticas deben haber sido previamente identificadas y codificadas.

¿Qué quiere decir «*best practices* codificadas»? **Primero, debe haberse encontrado un patrón común entre varias organizaciones que podamos abstraer como una práctica interesante a emular.** Ello implica que tanto la práctica como el éxito resultante deben ser algo extendido. No hace falta que sea dominante en el sector, puede ser una práctica emergente, pero debe ser de una organización de éxito o de varias organizaciones que funcionen bien y, sobre todo, debemos entender su funcionamiento y el porqué de su éxito. Cuando todo esto sucede, es cuando hablamos del fenómeno de codificación, que las explicita y desgrana. Los consultores, periodistas económicos y académicos la incorporan en su lenguaje profesional y la difunden.

No se trata de un proceso ni inmediato ni rápido. Como podemos suponer, en la medida en que estos intermediarios que se encargan de codificarla y difundirla sean ágiles o tengan un papel más relevante, mejor será la difusión y más competitivo el ecosistema resultante.

Otro elemento importante en la adopción, como ya hemos visto, es **el coste del cambio.** Algunas variaciones pasan simplemente por aumentar la capacidad de los trabajadores en el uso de las herramientas. Una calculadora es un ejemplo clásico: haces lo mismo, solo que, en vez de sumar a mano, usas un aparato para hacer el cálculo. Estos cambios son sencillos de implementar. Su coste es prácticamente nulo y las mejoras son muy obvias.

La mayor parte de las tecnologías e innovaciones no son tan simples. Su adopción no solo tiene un coste económico, sino también a nivel organizacional. Para que funcione bien debemos transformar la estructura organizativa de nuestra empresa, y eso tiene un coste importante porque lidiamos con personas, su posición y su trabajo en la organización.

No se trata solo del coste en sí, se trata también del coste derivado de convencer del cambio al resto de la organización. Esto normalmente implica visualizar no solo beneficios a nivel general, sino que se debe traducir también en beneficios compartidos e individualizados para los distintos grupos.

Este coste se reduce a medida que crece la validación social y el cambio se visualiza como inevitable. En ese punto es fácil de aceptar, pero conlleva tiempo.

Cualquier cambio implica crisis, así como la voluntad de los órganos directivos de afrontarla. En este escenario, el nivel de incertidumbre juega un papel importante. De nuevo, esta inquietud se reduce a medida que aumenta la validación social y otras organizaciones cercanas o competidoras adoptan la tecnología o la innovación en cuestión, convirtiendo su adopción en algo inevitable si queremos seguir siendo competitivos y permanecer en el mercado.

Aunque todas estas consideraciones son importantes, hay un factor que modera la velocidad de la adopción de las innovaciones. No hay duda de que acabará ocurriendo, pero en unos sitios sucede muy rápido, mientras que en otros se efectúa con una lentitud insoportable.

Este factor no es otro que **la intensidad competitiva.** Aunque también podamos encontrarla en un territorio o ecosistema empresarial determinado, es necesario considerarla en su conjunto. La encontraremos en una industria concreta y dependerá de nuestra posición en ella.

La intensidad competitiva hace que las organizaciones deban moverse y actuar en función de otros y no únicamente en función de sus propios intereses. Podemos imaginar, entonces, que todas las organizaciones aspiran a estar situadas en entornos de baja o nula intensidad competitiva. El máximo exponente de esta posición sería el monopolio o el oligopolio, donde es la organización —y no el mercado— quien controla la estrategia, elige precio y la oferta. Todas las organizaciones aspiran a esa posición, por lo que es la labor del regulador, del diseñador del mercado y los poderes públicos asegurarse de que no suceda. De hecho, no existen mercados en los que no haya una intervención importante de los poderes públicos en su diseño. Podemos encontrar ejemplos en la banca y en el sector de las telecomunicaciones, pero también en los productos agrícolas o, incluso, en el mercado de la vivienda donde las reglas van desde el tamaño de los pisos hasta las condiciones o, en algunos casos, su precio.

Una organización puede convertirse en un monopolio de muchas maneras. Una de ellas es la innovación. **Si dispones de un producto único en el mercado que es deseado por todos, serás tú, y no el mercado, quien marcará el precio y la cantidad.** Los monopolios que se alcanzan con base en la innovación son siempre temporales: más pronto que tarde vendrá un competidor que sabrá hacer lo mismo o habrá un cambio tecnológico que amenazará con desbancarte de la posición dominante. Ejemplos recientes los tenemos en el campo digital: Google no consigue una posición de dominio por su precio o la extensión de su red comercial, sino porque es mejor que el resto, como en muchos otros productos digitales. Estos monopolios naturales se basan en la calidad del producto y en la libre elección de los usuarios. Es por estas dos razones precisamente por lo que no disponemos de soluciones de regulación y la única alternativa a este panorama es posibilitar la existencia de competidores que lo hagan mejor, algo nada fácil. Los llamados monopolios naturales, aquellos que por su tipo de actividad no es posible compartir las infraestructuras que los soportan, como es el caso de la red ferroviaria, o bien por beneficiarse de manera excesiva de economías de escala, acaban comúnmente en una situación de monopolio u oligopolio, como las aseguradoras, y son los más habituales.

Aunque los monopolios que se deben a la innovación existen, no son los más comunes. Se dan, como en el caso de Google o Microsoft, de forma habitual durante una disrupción tecnológica que los desplaza. Lo cierto es que nada dura para siempre, pero mientras ello existe, dichos monopolios gozan de ventajas importantes. Por eso, los innovadores buscan conseguir posiciones monopolísticas ayudándose de procesos como la estandarización, la captura de la atención de los usuarios o los efectos red.

También se consiguen posiciones monopolísticas u oligopolistas en base a la propia regulación. En el caso de sectores como la banca, por ejemplo, el regulador prefiere un número reducido de participantes. Estas situaciones también son más usuales en estados totalitarios. En algunos casos, también ocurre por haber sido capaz de «capturar al regulador» a través de los años.

Otro elemento importante es el ámbito geográfico en el que compiten las empresas. Hoy en día, en prácticamente todo el mundo, muchas empresas compiten a nivel global.

Pero no debemos olvidar que también en todo el mundo la mayor parte de las organizaciones compiten de forma local. Está claro que, si compites a nivel local, solo tienes que ser mejor —o, al menos, algo mejor— que el de al lado. Obviamente, esto es mucho menos complicado que competir a nivel global. Si estamos en un entorno donde la mayoría de las organizaciones compiten localmente, la adopción de nuevas tecnologías será más lenta. Este es el caso de buena parte de los países europeos, y en particular los del sur y el este de Europa. Y, por lo tanto, es el caso de España.

Si la intensidad competitiva es baja —por la razón que sea—, los incentivos para el cambio no estarán tan presentes, por lo que la adopción de esa nueva tecnología, por obvia que nos parezca, se demorará.

Esta es una de las principales razones por las que la IA generativa te decepcionará. **La tecnología puede ir muy rápido durante un corto periodo de tiempo, pero la adopción se hace a velocidad humana, y esa velocidad, en la mayor parte del planeta es más bien lenta.**

No se descubren cosas nuevas cada día

Ya hemos visto la primera razón por la que la IA generativa —o cualquier otra tecnología— te desilusionará y los cambios copernicanos que pronostican los agoreros no sucederán: **la adopción es un proceso social, y no tecnológico, por lo que sucede a la velocidad de la sociedad que la impulsa.** Sin embargo, hay una segunda razón, y esta no es otra que **la propia velocidad de los nuevos descubrimientos.**

Cuando estamos en un periodo de aceleración (y se ha descubierto algo nuevo como, por ejemplo, los Transformers, una nueva arquitectura de redes neuronales profundas que ha cambiado casi todo y que ha hecho posible el ChatGPT), tenemos la tendencia a extrapolar ese descubrimiento y creer que el siguiente está a la vuelta de la esquina. Todo ello acentuado por el hecho de que todo nuevo descubrimiento se acompaña de dos tipos de procesos:

1. El primero es un **proceso de innovación incremental** que perfecciona la innovación: la hace más eficiente y mejor, lo que puede llevar un tiempo. No cambia en lo fundamental, pero sí su eficiencia, rendimiento y sus capacidades, que cambian radicalmente. Se trata de un fenómeno común. Por ejemplo, las características principales del motor de explosión son las mismas desde los primeros motores hasta hoy, pero su rendimiento ha mejorado mucho desde aquellos coches primigenios, como el conocidísimo Ford T. Este mecanismo de innovación incremental funciona mejor al principio que al final, ya que es al inicio donde se innova en aquellos aspectos que tendrán mejores rendimientos. Las que tendrán un menor impacto van quedando atrás en la lista, de forma que solo se abordan al final del proceso. Esto conduce a que durante los primeros años o meses tengamos la sensación de que los descubrimientos se suceden con rapidez, cuando realmente se trata de meras mejoras.

2. El segundo es un **proceso de extensión.** Todos los descubrimientos necesitan una *killer app*, una aplicación que los haga triunfar. Fue el caso de los procesadores de texto y las hojas de cálculo para los ordenadores A veces esta se demora, pero la innovación permanecerá aletargada hasta que no aparece. La IA generativa aparece en 2017 con un *paper* de Google, aunque las primeras aplicaciones útiles ya las encontramos en 2020. Sin embargo, hemos tenido que esperar a que ChatGPT —la *killer app*— salte a la escena en noviembre de 2022 para que se visualice su potencial real. A la par que se producen mejoras de rendimiento espectaculares, nos encontramos con un proceso de

desarrollo en extensión, que básicamente consiste en encontrar nuevos usos a una tecnología. Este proceso se ha visto impulsado no solo por empresas, académicos y profesionales, sino también por su uso como entretenimiento que también han hecho los particulares, es decir, *playing*; jugando con la herramienta e incrementando exponencialmente su uso, más allá de una estricta aplicación profesional. Este es el motor de lo que se denomina *generativity,* la capacidad de crear e innovar de forma autónoma e imprevista. El ejemplo más característico ha sido internet, creado en su origen para compartir información, pero al que la propia sociedad le ha encontrado mil usos que van desde el *e-commerce* a las redes sociales. Algo similar ha pasado con el ChatGPT.

Todos estos procesos nos llevan a un optimismo exacerbado sobre la velocidad de los descubrimientos, que en muchos casos son mejoras —muy importantes, eso sí— o simplemente nuevos usos.

La realidad es que no tenemos ni idea de cuándo aparecerá el nuevo gran invento y no tenemos manera de saberlo. A pesar de ello, no cesamos de hacer predicciones sobre si aparecerá este año, el próximo o en menos de cinco años. Por supuesto, sería genial saberlo, pero no podemos, todas las predicciones que oímos, y sobre la base de las cuales preveremos un gran impacto de una tecnología, son vanas especulaciones.

El mejor modelo de evolución tecnológica del que disponemos es lo que llamamos *punctuated equilibrium.* Esta teoría explica cómo, en un momento dado, aparece un descubrimiento, y este sufre un proceso de mejora e innovación con nuevos usos, muchas veces inesperados. Como ya vimos antes, el progreso se mantiene, pero los cambios se van volviendo cada vez menos importantes hasta que se agotan en lo anecdótico. Entonces no queda otra que esperar a ese nuevo descubrimiento que aparecerá un día, no sabemos cuándo.

¿Cuál es el impacto de todo esto?

Con cualquier nuevo descubrimiento aparecerán rápidamente los agoreros, los apocalípticos que alertarán sobre el fin de muchas cosas; los más atrevidos hablarán sobre el fin de la democracia, la verdad o incluso de la civilización. Quienes hayáis vivido de cerca el fenómeno de ChatGPT sabréis a lo que me refiero. Pero no penséis que esto es algo nuevo, ha sucedido siempre: si le queréis dar un repaso a la historia, solo tenéis que echar una ojeada al relato de los augurios pesimistas que surgen de tanto en tanto. Así recordaréis cómo algunos pensaban que el teléfono iba a acabar con los teatros, cómo los robots tenían que acabar con el trabajo ya hace cien años o cómo las calculadoras nos harían a todos tontos.

En las páginas anteriores hemos analizado el impacto de las disrupciones, cambios radicales que transforman mercados y nuestra sociedad, como ha sido el caso de internet, la electricidad o los *smartphones*. Si nos centramos en la IA generativa, vemos que la primera lección que podemos obtener de nuestros análisis es que su **traslación a la productividad no va a ser ni inmediata ni uniforme**. Los pronósticos sobre incrementos excepcionales de la productividad se materializan de manera lenta y desigual, así como el uso de la propia herramienta. Como es habitual, las organizaciones líderes sacarán más provecho de este ensanchamiento de la frontera tecnológica que otras. Y es por ello por lo que hay que luchar para situarse en este grupo.

¿Cómo afectará todo esto al trabajo? ¿Y a la estructura de nuestras organizaciones? Es necesario detenernos en las tareas y en cómo van a cambiar otras labores concretas. Nos encontramos con dos efectos contrapuestos:

→ Algunas tareas van a ser automatizadas. Es decir, trasladamos toda la tarea de un robot (o parte) a código. A menudo esto requiere de una redefinición de los circuitos organizativos: el multiplicador de productividad será muy alto si el coste marginal de realizar esa tarea automatizada es bajo.

→ Para otras, la IA será una herramienta que nos permitirá únicamente aumentar nuestra productividad. En este caso, usamos la IA como herramienta, pero nosotros seguimos teniendo el control. Cuando usamos el ChatGPT o Google es precisamente este caso. El incremento de productividad es alto, pero limitado por nuestra capacidad de atención y trabajo.

Fijémonos primero en los casos de automatización. No obstante, tengamos en cuenta que aún son inexistentes en la IA generativa (la nueva generación al estilo del ChatGPT o la generación de imágenes o vídeos a partir de texto), aunque comunes en la IA en general (los modelos tradicionales: los predictivos, de clasificación, *clustering* o detección de patrones y anomalías): el nuevo procedimiento automatizado competirá directamente con los trabajadores. Será uno u otro el escogido en relación con su coste y con su capacidad para solucionar la totalidad de las situaciones.

Sin embargo, **el coste no es un tema tan evidente.** Hoy en día ya existen los robotaxis. Waymo, una empresa de Google, opera en la actualidad en San Francisco y en otras ciudades con sus vehículos de conducción automática sin conductor y con plena normalidad, pero no ha sustituido ni a Uber ni a Lyft. ¿Por qué? La respuesta la encontramos en la estructura de costes: un conductor de Uber conduce su coche y el precio del trayecto es el mismo que el de un robotaxi de Waymo. En cuanto a su coste, el de los vehículos de conducción automática ronda los 100 000 dólares y aún requiere de un equipo de supervisión durante las veinticuatro horas al día, los siete días de la semana. Si tenemos en cuenta que el precio que paga el usuario por trayecto es prácticamente igual al de los otros servicios y que en su mayoría son trayectos cortos (con costes alrededor de cinco dólares) se nos antoja fácil calcular que el número de viajes que debe efectuar el robotaxi de Waymo para poder competir con el resto de las empresas es extremadamente alto. Me diréis que el coste de los componentes del robotaxi bajarán con el tiempo; es cierto, pero disminuirán con rapidez solo si hay una demanda muy alta, cosa que, de momento no parece que vaya a ser posible, al menos no basada en un crecimiento exponencial de los vehículos de Uber.

En este momento parece que la única alternativa viable es la que ha presentado recientemente Tesla, el Cybercab, cuyo coste se sitúa alrededor de los 20 000 dólares, algo mucho más asumible. Además, su modelo de negocio no se basa solo en la provisión directa de vehículos, sino que se espera que particulares los adquieran para crear sus propias empresas de taxis. Obviamente todo esto está aún por ver y, como suele ser habitual, no parece que se vaya a desplegar con rapidez.

Esta pequeña discusión nos permite entender con facilidad que **la automatización masiva no es algo ni tan fácil ni tan inmediato como algunos pretenden hacernos creer.** Los modelos de negocio no se convierten en algo mágico por incluir la inteligencia artificial: son los que son.

Además, hay otro elemento que ralentiza enormemente la automatización: **el riesgo.** Una de las aplicaciones más obvias de la IA generativa es la automatización de los servicios de atención al cliente. Sin embargo, ¿qué es lo que está frenando el cambio? En buena medida, lo detiene el riesgo que supone poner un modelo que puede ser susceptible a la manipulación por humanos o que puede resultar ser directamente erróneo. ¿Quién estaría dispuesto a asumir dicho riesgo en tareas de bajo coste como la atención al cliente? Imaginemos un banco, un hospital o la administración pública y entenderemos por qué la adopción se demora tanto.

En la medida en que una propuesta automatizada compita directamente con el trabajo humano, las consecuencias están claras:

→ En primer lugar, una bajada de salarios y un descenso de la población empleada en esa tarea.

→ En segundo lugar, al trasladarse esa tarea código (al menos en parte), su coste disminuirá más y más a medida que se sucedan las mejoras tecnológicas. Pasará lo mismo con su escalabilidad y disponibilidad, que subirán hasta límites insospechados, cambiando completamente el modelo económico que lo sustenta.

En su extremo, este proceso permite la *comoditización* de la tarea, es decir, su transformación en una tarea de muy bajo coste que puede insertarse sin problemas en todos los modelos de negocio donde esta tecnología sea aplicable. De esta forma se generaliza y extiende su uso hasta convertirlo en habitual, en el *new normal.*

Imaginemos que las búsquedas de Google fuesen atendidas por personal humano, tal y como lo eran en el caso de los asistentes de investigación. Este sería un producto de uso muy restringido y su coste resultaría tan alto que sería imposible sufragarlo con anuncios. En la medida en que la tecnología nos permite reducir el coste humano hasta hacerlo rentable con un modelo de negocio basado en anuncios, se convierte en algo que todos usamos habitualmente, incluso para tareas irrelevantes o de una forma innecesaria.

¿De qué depende este proceso?

1. **La tarea automatizada se debe realizar igual de bien o mejor que si la realizasen personas.** De hecho, es usual que se le exija que la realice mucho mejor. Si volvemos al ejemplo de los coches autoconducidos, exigimos que conduzcan muchísimo mejor que nosotros para permitirles circular por las carreteras.

2. **La ventaja económica debe ser considerable.** El coste de realizar la tarea de forma automática debe ser bastante inferior al coste derivado del trabajo humano.

En la medida en que estas dos condiciones se cumplan, y solo de esa manera, estaremos ante un proceso de automatización de la tarea que pueda llegar a sustituir al personal humano.

Sin embargo, no es este ni el único proceso ni tan siquiera el más común. Hemos vistos casos de éxito en el aumento de nuestras capacidades: la calculadora, las hojas de cálculo o los ordenadores. La inteligencia artificial es un multiplicador de nuestra productividad. Veamos qué pasa en este caso.

Al ser un multiplicador, nos permitirá realizar la tarea mejor y más rápido. Si la demanda es elástica, es decir, si al bajar el precio hay más demanda, la capturaremos a un precio algo inferior, pero reteniendo una parte importante del diferencial, esto es, ganando más. El efecto en el trabajo será positivo porque podremos hacer más con menos, pero necesitaremos más personal porque la demanda es elástica.

¿Qué sucederá si la demanda es poco o nada elástica, es decir, si no varía excesivamente o nada con la bajada de los precios? Quizás pensemos que esto es algo poco común, pero nada más lejos de la realidad: los bienes de primera necesidad como el agua tienen demandas poco elásticas. También los bienes de lujo sufren esa falta de elasticidad, pues su precio no afecta tanto a su demanda y servicios. Los servicios médicos, de consultoría estratégica o de auditoría tampoco experimentan grandes cambios.

Si nos encontramos ante ese tipo de situaciones, no podremos capturar más mercado porque la bajada de precios no incrementará la demanda. Dicho esto, al ser capaces de producir más con menos personal, se reducirá el número de trabajadores al aumentar su productividad. Sin embargo, al no aumentar la demanda nos encontraremos ante una reducción limitada. En el caso en el que la tecnología solo aumente nuestras capacidades, pero no automatice ningún proceso, habrá variaciones en las tareas y tendrá un impacto en el trabajo, sí, pero hasta un cierto punto.

Por supuesto, más allá de este simple esquema que desarrollaremos de manera más amplia en otro capítulo, nos encontraremos con traslaciones de tareas y, por ende, de empleo. Esto es algo de sobra conocido: los contables que se dedicaban a sumar, comprobar las operaciones y hacer los libros diarios y el libro mayor en los tiempos de la contabilidad con manguitos, pasaron a hacer estados financieros con Lotus 1-2-3 y, posteriormente, con Excel. Las tareas se ampliaron y nadie podía ni siquiera soñar con sofisticados estados financieros como los que usamos hoy en día en los tiempos de la contabilidad con manguitos. Algo parecido sucedió con los empleados de banca dedicados a contar billetes en la caja: se acabaron transformando en asesores financieros y comerciales.

> Tanto el proceso de automatización como el de amplificación conllevan la creación de nuevas tareas, aunque mediante mecanismos algo diferentes.

Típicamente, al automatizar —especialmente en el campo digital— los costes se desploman y podemos realizar tareas con una extensión que jamás hubiésemos podido soñar. Es el caso que comentábamos líneas atrás sobre Google.

Cuando aumentamos, podemos realizar tareas que antes no nos eran abordables, como, por ejemplo, los sofisticados estados financieros. Hablamos, en todo momento, de un proceso en profundidad y no tanto en extensión.

En ambos casos, aparecen nuevas tareas, o bien porque con el modelo anterior no eran posibles, o bien sea por el aumento de calidad resultante, que empuja a todo el sistema, como en el caso de la banca o las finanzas. Estas nuevas tareas generan nuevas actividades realizada por la IA y ofrecen servicios que no son siquiera imaginables sin ella (caso de Google).

> El impacto de la IA no es, en ningún caso, algo estático. Las tareas y su modelo económico subyacente no son fijos, sino todo lo contrario: es algo dinámico donde los modelos de negocio y las propuestas de valor se transforman en la medida en que se amplía la frontera tecnológica de lo posible y factible.

Capítulo 2

Las disrupciones

Cualquier mañana leyendo el periódico en papel o en la web, encontraremos noticias relacionadas con el crecimiento económico y la productividad. Crecer se ha convertido en una necesidad y en una obsesión. Tanto es así que todos comparamos nuestro crecimiento con el de los países asiáticos y nos ponemos a temblar si los estados más potentes de Occidente no crecen al ritmo esperado porque sabemos que nos espera una temida recesión larga o corta, profunda o suave. Una recesión, al fin y al cabo, o, al menos, una desaceleración.

En general, damos por sentado que los países y las organizaciones deben crecer, progresar económicamente y que esto es la «normalidad». Quizás os sorprenda, pero hasta 1820 la humanidad no creció en términos económicos. Bueno, para ser más exactos: durante mil años el PIB aumentó a un ritmo del 0,02 % anual, algo ridículo visto desde el presente. Hubo una excepción, sí, justo después del descubrimiento de América y el ingente aumento de oro disponible. Sin embargo, duró poco, muy poco; las guerras con Flandes, las cortes y la inflación dieron cuenta de ello.

El año 1820 es una fecha arbitraria, es cierto, pero es la que se usa para marcar el inicio de la Revolución Industrial. Pensaréis que ese fue un periodo de crecimiento exponencial, como se llama ahora efusivamente a los crecimientos acelerados, pero no: el crecimiento en ese periodo fue del 0,7 %. De hecho, se tarda un poco en llegar a crecimientos realmente altos. Pensemos que un crecimiento del 2 % duplica el PIB en veinte años y que en muchos países como Japón, Corea o China hemos asistido a crecimientos de dos dígitos de manera sostenida.

¿Cuál es la clave? ¿Por qué durante miles de años la humanidad no creció y a partir de la Revolución Industrial asistimos a esta transformación? La respuesta está en una sola palabra: **innovación.**

La innovación no es siempre algo gradual. Aunque exista, esa innovación lenta que llamamos incremental es algo previsible y previsto que no sorprende a nadie. Pero la innovación muchas veces es sorpresa, es lo inesperado, es lo que hace tambalearse al mundo. La innovación es disrupción.

Esta disrupción se produce así: escondida, casi camuflada en un sinfín de mejoras que parten de productos modestos, pero que a lo largo del tiempo empujan a los líderes y los desbancan. Esta forma de innovación disruptiva fue descrita por Clayton M. Christensen, de la Universidad de Harvard, de una manera muy pormenorizada.

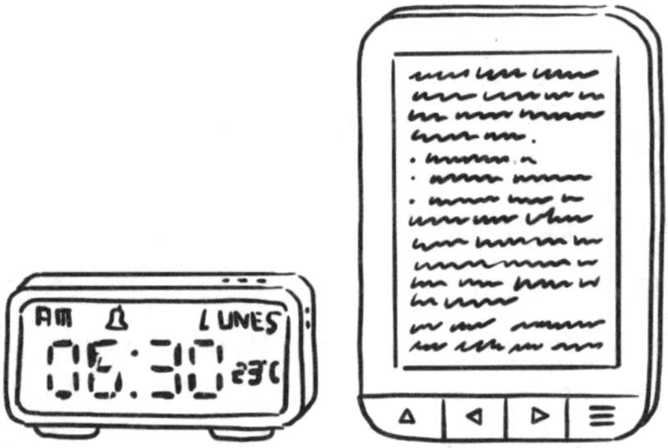

Fig. 1

Hay multitud de ejemplos de este tipo de innovación disruptiva. Probablemente el más común son las pantallas LCD: unas modestas pantallas en blanco y negro (más bien gris y menos gris) que aparecieron en algunos modelos de relojes, como en los míticos Casio, termómetros y en multitud de pequeños artilugios que necesitaban una pantalla que consumiese poco y mostrase algunos números —aunque su resolución fuese francamente mala—. Poco a poco, a lo largo de decenios esta resolución fue aumentando, los grises fueron ganando contraste y hasta color: primero parecían pinturas al pastel, pero avanzaron, aunque lentamente.

La competencia de las modestas pantallas LCD eran los tubos de rayos catódicos que ofrecían un gran contraste, buena nitidez y variedad de colores. Eso sí, a costa de un tamaño considerable. A medida que las pequeñas pantallas LCD mejoraban, los rayos catódicos fueron desplazados de los aparatos de medida, televisores portátiles y un sinfín de instrumentos y tuvieron que ser mejores, tuvieron que competir. Finalmente, el único nicho que les quedaba eran los televisores de alta gama, un nicho donde las ventas y el margen no eran muy altos. Vinieron los recortes, competir era cada vez más difícil y los fabricantes de televisores LCD tenían mucho más mercado donde apoyarse porque los relojes, los portátiles, los instrumentos de medida... ¡ya eran suyos! No les hacía falta que todo el margen de su producción recayese sobre su gama alta de televisores. En paralelo, todos los desarrollos para cada segmento como, por ejemplo, la rapidez que necesitaban los ordenadores de *gaming*, se podían trasladar al resto. En este punto, el asedio estaba completado y desplazar a las CRTs era cuestión de años, de muy pocos años.

Esta forma de disrupción es más común de lo que pudiera parecer. Es también el caso de la fotografía de carrete respecto a la digital, de los discos duros respecto a las memorias *flash*, de las cámaras digitales respecto a las réflex y también de los coches eléctricos que empezaron siendo humildes *scooters* en China. Es, pues, algo ya muy conocido.

Sin embargo, tiene un punto sorprendente. Esta forma de disrupción es un proceso lento que tarda decenios, del que conocemos muy bien su articulación, sus fases y su final. Aun así, continúa siendo algo inesperado. Lo podemos ver en el caso de la industria de la automoción europea, que está a las puertas de encontrarse asediada por los coches eléctricos asiáticos y americanos. El descenso de costes de las baterías ineludiblemente hará que bajen de precio sus vehículos, por lo que podrán ofrecer precios y prestaciones que no podríamos ni soñar en un coche con motor de explosión.

De hecho, pensábamos que este tipo de innovación disruptiva, lenta, que viene desde abajo, con productos modestos, y que evoluciona incrementalmente durante decenios, era algo conocido, controlable y, sobre todo, controlado. Pensábamos que el *management* actual podía gestionar este tipo de disrupción sin problemas, y presentábamos multitud de ejemplos de una transición ordenada como Fuji, IBM, Honda y muchos otros. Sin embargo, la realidad es tozuda y hoy vemos que, aunque algunas empresas logran esquivar este tipo de disrupción —no sin dificultades, eso sí—, muchas otras sucumben.

Os preguntaréis por qué. Es una pregunta razonable, que ha dado lugar a largos debates y cuya respuesta se ha dilatado en el tiempo. La respuesta se encuentra en las tensiones internas que apuestan por la disrupción. Estas tensiones, además, se agravan por la necesidad de gestionar unos recursos cada vez más escasos en mercados progresivamente más pequeños.

Ante una disrupción, la mayoría de las organizaciones inicialmente niegan el problema y retrasan la acción. La parte «tradicional» de la empresa suele estar demasiado ocupada compitiendo en su mercado principal como para prestar atención a los segmentos residuales, aquellos con menores beneficios y más competidores, es decir, mayor competencia que en el mercado dominante. Por ejemplo, los relojes baratos de Casio no eran considerados relojes «de verdad», y las cámaras compactas hacían fotos de baja calidad y tampoco se veían como cámaras «de verdad».

Llega el punto en el que los productos disruptivos acaban erosionando los beneficios y el mercado. Es en este momento cuando las empresas empiezan a tomarse en serio la disrupción, pero esta ya se ha movido al segmento principal y ahora allí la competencia es feroz, los beneficios menores y la necesidad de diferenciarse, aún más alta. Medirse en este entorno consume prácticamente todos los recursos disponibles y, lo que es más importante, toda la atención. Y la poca que queda disponible se usa en competir contra los disruptores. Pasar a formar parte de este grupo provocaría confusión en la oferta y la marca. Ser valiente para enfrentarse a toda una empresa hambrienta de recursos para poder competir en su mercado tradicional no es nada fácil.

A estas alturas, si los avances tecnológicos de la nueva propuesta permiten dar el salto y colocarse al nivel de las tecnologías tradicionales con calidades suficientes —aunque no óptimas—, entonces el final está cantado. Este punto de inflexión se alcanza tarde o temprano, ya sea o bien por saltos en la innovación, o bien por una evolución constante. Lo cierto es que siempre aparece alguien que es capaz de hacer esa batería más barata, de dotar de más resolución al objetivo de la cámara digital, de aumentar la capacidad de la memoria de estado sólido, de bajar los costes de fabricación y el rendimiento de las placas solares... La dinámica se repite una y otra vez: mercados tradicionales que son cada vez más pequeños y con márgenes más escasos, al tiempo que la mayor parte del mercado está dominado por la tecnología emergente. Y no es de extrañar, ya que esta dispone de una amplia base donde investigar, probar y validar nuevos desarrollos con los que expande su terreno en nuestras vidas. Esto es así hasta el punto en el cual cuando hablamos de pantallas, nadie piensa en tubos; cuando hablamos de discos, todo el mundo entiende que son de estado sólido; cuando hablamos de coches, todo el mundo piensa en uno eléctrico.

Así las cosas, **si la empresa tradicional no se ha transformado, está o muerta o muriéndose, por lo que ya no puede competir.**

Aunque conocemos bien este tipo de disrupciones, es necesario recordar que pueden tardar mucho tiempo en apoderarse de un mercado o una tecnología. Es por esta razón que algunas empresas dejan los deberes para «mañana», hasta que es demasiado tarde. Aunque las empresas dominantes de la tecnología anterior disponen de todo el talento, dinero y tiempo necesarios para seguir siendo dominantes en la nueva, muchas —quizás la mayoría— fracasan. ¿Por qué? La razón no es otra que la gestión de las dinámicas internas, de los incentivos. Uno de los ejemplos más contundentes en la dificultad de gestionar tensiones internas fue el caso de Nespresso. Nespresso fracasó dentro del conglomerado de Nestlé una y otra vez; en ocasiones porque perdió la batalla interna contra el café soluble, otras por méritos propios. Solo cuando se constituyó como empresa independiente pudo triunfar y ahora para muchos de nosotros hacer un café consiste en introducir una cápsula de aluminio en una cafetera, y lo demás es historia.

El *hype loop*

En la actualidad, el modelo de disrupción que hemos visto en las páginas anteriores se ha visto eclipsado por otro tipo de disrupciones: unas que hacen mucho ruido, que no vienen de abajo, de productos modestos, y que mueven ingentes cantidades de dinero. Son disrupciones auspiciadas por el *hype*, donde capturar la imaginación de una gran parte de la humanidad es algo importante, muy importante. No quieren esconderse, quieren ser los protagonistas de las transformaciones globales.

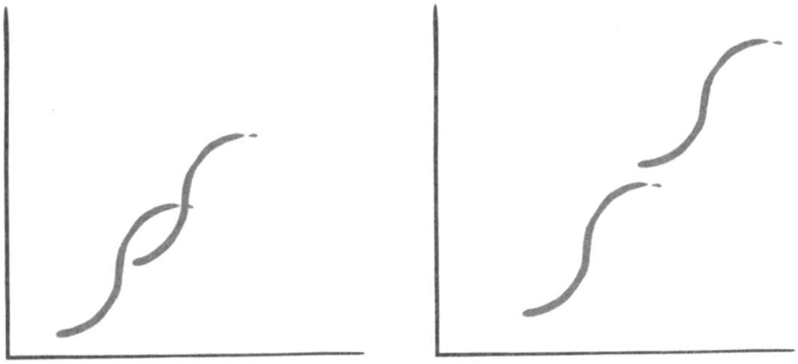

Fig. 2

Las razones de la actual falta de protagonismo de la innovación disruptiva desde abajo son variadas:

→ En primer lugar, su propia esencia incremental con una evolución larga y lenta le resta visibilidad. Ya no sorprende; simplemente, entra dentro de lo esperado. Su largo periodo de incubación hace que sostenerla esté al alcance de unos pocos, es decir, de grandes empresas, gobiernos, pero lejos de los inversores en empresas emergentes que quieren retornos importantes y rápidos. Tampoco su desarrollo es atractivo para los emprendedores *tecnológicos* al uso, cuyo modelo fue antes Steve Jobs y ahora ha pasado a estar representado por Elon Musk; son emprendedores que quieren cambiar el mundo y que no van a esperar décadas a que una innovación desde abajo se desarrolle. Nadie conoce quiénes fueron los que desarrollaron las pantallas LCD, probablemente porque fue un cúmulo de descubrimientos, un trabajo colectivo, lento y en gran medida anónimo. Todo el mundo, en cambio, sabe quién inventó el *smartphone* o quién popularizó los coches eléctricos o hizo que los cohetes aterrizaran. Estos son procesos rápidos, que arriesgan mucho y con sonados descalabros. En cada uno de ellos se aprende algo.

→ Existe una segunda razón: la estructura del mercado, los mecanismos de financiación existentes y de captura de valor. Todos estos mecanismos —que el mundo *tecnológico* al estilo de Silicon Valley ha creado a lo largo de los decenios— no encajan con las disrupciones lentas desde abajo. En la actualidad, todo gira alrededor de crear propuestas de alto impacto que cambien el mundo y lo hagan rápido; lo demás encaja mal o no encaja.

Hoy la acción se centra en otro tipo de disrupciones: las que vienen de arriba, avanzan rápido y tienen la ambición de lograr un gran impacto. Son las disrupciones como la protagonizada por ChatGPT, capaces de catapultar una *start-up* a niveles de valoración impensables y de situar, en cuestión de meses, un producto desconocido en las mentes de todos. Este tipo de disrupciones están movidas por el *hype,* por la captura de nuestra imaginación colectiva, y son las que han asumido el protagonismo, capturado los mercados y arrastrado el talento mundial. Es necesario comprenderlas si queremos entender la sociedad en la que vivimos, movernos en ella y escabullirnos entre sus rendijas para esquivar ser desterrados a la mediocridad y poder surfear sus olas con éxito.

El *hype loop* es un modelo dinámico que describe estas disrupciones. El hecho de que sea dinámico es importante porque se retroalimenta, acelera, desacelera y se detiene en función del resultado de cada una de las fases que atraviesa. Presentaré estas fases como si fuesen algo separado y consecutivo, pero después de un primer desarrollo inicial, estas se suceden todas al mismo tiempo, creando una realidad compleja, difícil de interpretar y muchas veces altamente contradictoria:

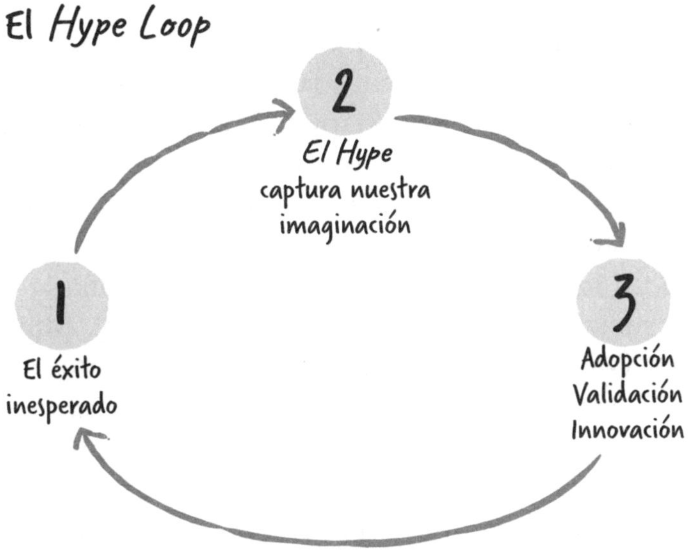

Fig. 3

A modo de ejemplo, y aprovechando que es algo conocido por todos y todas, usaremos el ChatGPT como modelo para una primera aproximación al *hype loop*. Este se inicia con un descubrimiento inesperado que conmociona y llama la atención de toda la sociedad. En el caso del ChatGPT, su lanzamiento se remonta a noviembre de 2022. Esto no significa que no haya habido un proceso anterior. De hecho, OpenAI ya hacía tiempo que había lanzado el GPT3.5, que hace aproximadamente lo mismo que el actual, pero con una interfase mucho menos amigable, por lo que, hasta entonces, era algo exclusivo para «iniciados».

Después volveremos a abordar con detalle este éxito inicial, pero, de momento, quiero llamar vuestra atención sobre algunos aspectos. En primer lugar, es importante recordar que, **aunque la tecnología tenga un papel importante, se trata de un fenómeno social.** Es la sociedad la que le otorga la categoría de éxito. El producto novedoso puede merecerlo más o menos, pero es la sociedad la que lo encumbra. Por eso los mecanismos sociales en la generación de este éxito son determinantes.

Lo siguiente que hay que tener en cuenta es el hecho de que sea inesperado. Como veremos, el *hype loop* captura la atención social. Esto solo se puede hacer si es disruptivo; si es, al menos, inesperado e imprevisible.

El segundo elemento es, por tanto, el *hype,* es decir, como hemos visto antes por la captura de nuestra imaginación colectiva. Al igual que en el caso anterior, se trata de un fenómeno social. Volvamos al caso del ChatGPT. Multitud de *bloggers,* comentaristas, opinadores, expertos, etc., pronosticaron desde el fin de la democracia hasta el fin del mundo con su aparición. Grupos de eminentes científicos de la IA redactaron cartas abiertas pidiendo una moratoria de seis meses y prácticamente todos los gobiernos debatieron y legislaron sobre este fenómeno. Hoy en EE. UU. existe una *Executive Order* —un mecanismo pensado para tiempos de guerra— sobre la IA, en China unas directrices o *guidelines* sobre el uso de la IA (las *guidelines* en China son algo más que *guidelines...*) y en Europa se está concluyendo la implantación de la *IA Act,* la regulación marco europea sobre la IA. Esta es solo una muestra de hasta dónde llegó la ola de *hype* producida por el ChatGPT.

La tercera y última pieza es la adopción. Como veremos más adelante, esta es una de las más importantes y de las más ignoradas. Es aquí donde se produce la innovación, se adopta la propuesta y se adapta a nuevas realidades y a entornos inéditos. La adopción implica cambio, se recombina con lo existente, dando lugar a nuevas propuestas. En el caso de ChatGPT, aquí encontramos los *copilots asistentes* que ayudan a programar, que convierten documentos en presentaciones y en hojas de cálculo como en los programas de Microsoft, los que buscan referencias académicas y un sinfín de usos futuros que no podemos ni imaginar.

Usaremos este modelo para hacernos algunas preguntas interesantes. ¿Cómo podemos detectar si una propuesta está perdiendo gas? ¿Cuándo podemos saber que está acabada? ¿Podemos predecir si tendrá éxito?

Pero antes de responder a todas estas cuestiones, debemos entender algo fundamental: siempre hablamos de un modelo dinámico. En la medida en que haya innovaciones exitosas y mucho *hype,* aumentaremos la probabilidad de que surjan nuevos descubrimientos inesperados y viceversa, claro.

El éxito inesperado

El éxito inesperado es el encargado de desencadenar todo el proceso que, como decíamos, no es un fenómeno tecnológico, sino social. Más adelante nos detendremos en ello, pero es importante resaltar que no hace falta que sea un éxito global, ya que en muchas ocasiones procede de un nicho en el mercado o de un grupo pequeño. Sin embargo, sea cual sea su área, debe ser capaz de generar impacto, provocar conversación sobre el tema y movilizar voluntades.

La clave no reside tanto en la distancia respecto a la frontera tecnológica, sino en cómo se percibe esta frontera socialmente. Esta distinción es importante, ya que siempre existe un desfase entre los avances tecnológicos y el conocimiento colectivo de estos avances, y aún más en su adopción. Un ejemplo de este desfase es ChatGPT: evolucionó lentamente con GPT-1, GPT-2 y GPT-3, sin gran visibilidad pública, hasta que con ChatGPT rompió esa barrera y surgió aparentemente de la nada, con una supuesta capacidad de evolución rápida. Esta distancia entre las expectativas y la realidad es fundamental para movilizar el *hype*, que necesita satisfacer unas expectativas sociales cada vez más inalcanzables.

Este éxito inesperado puede proceder de orígenes muy diversos. Por ejemplo, en el caso de los coches autoconducidos, fue un organismo estatal, la Agencia de Proyectos de Investigación Avanzada para la Defensa (DARPA, por sus siglas en inglés), la que lanzó un reto en marzo del 2004. Se trataba de que un coche autoconducido realizara el trayecto desde Los Ángeles a Las Vegas en un terreno semidesértico sin tráfico. El premio era un millón de dólares. De esta manera, este organismo logró convencer a los mejores grupos de las universidades tecnológicas líderes en EE. UU. para unirse al reto. Ningún grupo fue capaz de completar esta primera edición. Pero eso no desalentó a los organizadores, que insistieron año tras año. Unos años más tarde, se disponía ya de coches autoconducidos capaces de completar recorridos en carreteras comerciales; eso sí, cerradas al tráfico. Unos años más, se consiguió hacerlo en carreteras con tráfico. La adopción masiva de esta tecnología por parte de Tesla la popularizó hasta el extremo de dar la vuelta a la percepción pública de forma que, durante años, todos pensamos que la conducción autónoma completa estaba justo a la vuelta de la esquina cuando en realidad aún faltaban algunos años.

El caso de los coches autoconducidos es interesante porque no se trata de algo repentino o inmediato, sino que se alarga en el tiempo. Durante bastantes años se ha situado bajo el radar como uno de los muchos proyectos de DARPA. Sin embargo, llegó el momento de la sorpresa, donde se superaron las expectativas colectivas y aquellos primeros cacharros se convirtieron en coches capaces de circular de manera autónoma por carreteras y autopistas. Poco después, Tesla empezó a prometer que la conducción autónoma estaba al caer, iniciando así un círculo de *hype* que dura hasta hoy, liderado por el Cybercab, el robotaxi de Tesla.

Que el gobierno sea el creador de innovación disruptiva puede resultar un tanto sorprendente. Sin embargo, muchos de los proyectos de innovación disruptiva tienen su inicio en iniciativas públicas. Su alcance es limitado, y es que sin Tesla y el impulso que dio a los coches autoconducidos no se habrían creado ni los productos ni las expectativas ni el grado de adopción que hoy tenemos.

Otra de las causas comunes de este éxito inesperado viene derivado simplemente por un nuevo descubrimiento científico o tecnológico. Algunas veces ese hallazgo es reconocido por la comunidad y genera un aluvión de propuestas que intentan capitalizarlo. Otras veces, no obstante, es ignorado hasta que una organización lo rescata del olvido con una propuesta capaz de capturar la imaginación de un colectivo. Veamos dos ejemplos de ambos casos en el campo de la inteligencia artificial.

Corría el año 2012. Geoffrey Hinton, de quien ya hemos hablado y reciente ganador del Premio Nobel, había mantenido (contra prácticamente todos) la llama del *deep learning* o aprendizaje profundo, el uso de redes neuronales con muchas capas que permiten aprender modelos complejos. Apartado con frecuencia en la mayoría de los congresos, el *deep learning* era algo en lo que pocos creían, excepto Hinton, claro. Había muchas razones para no creer en ello en esa época, pero básicamente todo se reducía a que aún no había logrado demostrar que funcionase mejor que los métodos al uso en ningún entorno particular, así como que sus resultados eran difíciles de interpretar. Recordemos que esta tecnología es anterior a la propia inteligencia artificial. Pues bien, para 2012, Hinton se unió a Alex Krizhevsky e Ilya Sutskever y publicaron el artículo «ImageNet Classification with Deep Convolutional Neural Networks», que mejoraba en aproximadamente un 10 % la exactitud en la identificación de imágenes. Es decir, se le presentaba una foto al modelo computacional y este debía identificar si se trataba de una persona, un perro, un caballo, una mesa, etc. Hoy esto nos parecerá algo sencillo, y de hecho es uno de los primeros ejercicios que hacen la mayoría de los alumnos en sus estudios sobre IA alrededor del mundo, pero en el 2012 era lo máximo que sabíamos hacer.

La tasa de error en acertarlo de manera exacta estaba alrededor del 26 %, pero Geoffrey Hinton, Alex Krizhevsky e Ilya Sutskever la consiguieron reducir hasta el 15,3 %. ¡Era algo inaudito en un campo en el que los avances eran tan minúsculos!

A partir de ese momento, en identificación de imágenes todo pasó a ser *deep learning;* el resto de los métodos se abandonaron. En algo más de un par de años ya se disponía de modelos capaces de identificar imágenes de manera más precisa que cualquier humano en el planeta Tierra.

Se trata de un avance claro y significativo en un tema muy concreto: la identificación imágenes. No hubo mucha discusión sobre su aplicabilidad o sobre si funcionaría mejor o peor que los métodos existentes. Estaba claro que funcionaba mucho mejor y que su aplicabilidad era obvia. Ahora bien, esto no es lo más habitual.

El segundo ejemplo, también desde el mundo de la investigación, nos conduce al 2017. Concretamente, hasta un artículo académico de Google Research que ha cambiado la historia de la IA para siempre: «Attention Is All You Need», escrito colectivamente por varios trabajadores de Google. Esta publicación describe un nuevo método que se denomina «Transformer». Este procedimiento es el que ha hecho posible no solo el ChatGPT, sino también los generadores de imágenes a partir de texto como Midjourney o los modernos sistemas de traducción. Pues bien, si lo leéis, no tendréis la sensación de que sus autores supieran que estaban cambiando la historia de la inteligencia artificial para siempre; más bien era una propuesta más entre muchas otras. De hecho, tuvieron que pasar algunos años hasta que se mostró todo su potencial y, en realidad, aún estamos allí, aún tenemos mucho camino por recorrer.

Independientemente del tiempo que nos lleva reconocer el potencial de las propuestas, en ambos casos nos encontramos con descubrimientos de gran valor y por completo inesperados. ¡Para que se inicie la carrera del oro, hay que descubrir oro primero y en una cantidad abundante!

No todo es tecnología: hay veces que las herramientas ya están allí y tan solo se trata de usarlas en uno o varios contextos diferentes. Este fue el caso del análisis de datos.

El análisis de datos con, por ejemplo, modelos predictivos se había introducido hace muchos años. De hecho, empresas como UPS ya lo usaban desde los años noventa en sus servicios de reparto de paquetería. Sin embargo, fue durante la década del dos mil cuando, por decirlo de alguna manera, explotó. Por poner una fecha, en 2012 apareció en *Harvard Business Review* el artículo de Tomas Davenport, «Data Scientist: The Sexiest Job of the 21st Century», que confirmaba lo que ya era una realidad en el mercado con los sueldos astronómicos de los científicos de datos y su demanda prácticamente incontenible. Pero ¿qué pasó para llegar a este punto? La estadística, el tratamiento de datos con modelos predictivos o analíticos era algo no común, pero sí bien establecido en muchas empresas, no solo en UPS. Los modelos de calificación crediticia o *credit scoring* que evalúan si te deben o no conceder un crédito bancario, de alguna manera, han existido siempre.

La respuesta a esta pregunta la podemos encontrar en la película *Rompiendo las reglas*, de 2002, que cuenta la historia de cómo un equipo de béisbol de una liga menor logra resultados extraordinarios basándose en la utilización del análisis de datos —y no a los tradicionales ojeadores— para contratar y valorar a sus jugadores. En este caso, la tecnología ya existía, pero no sabíamos que se podía utilizar para muchas más cosas de las que la utilizábamos hasta el momento.

> En esta primera fase del éxito inesperado se trata de ampliar las fronteras de lo posible, creando amplias expectativas de futuro. En la medida en que la percepción de estas oportunidades sea lo bastante grande, y las expectativas suficientemente elevadas, solo en esa misma medida se podrá crear el deseado *hype*, que será el motor y el multiplicador de este ciclo de disrupción.

Es importante resaltar este último punto. Se trata de que exista un producto, un prototipo, una prueba de concepto lo suficientemente potente como para movilizar la imaginación colectiva, al menos de algunos de los agentes más relevantes en el sector. A menudo esa concreción tarda, y de ahí la importancia de las demos y los prototipos. Recordemos los casos que hemos examinado. Poco pasó hasta que apareció el ChatGPT, aunque la tecnología ya estaba disponible, nadie se movilizó o alarmó hasta que los coches de Tesla conducían solos por las autopistas. Las empresas conocen el valor de estos prototipos, de esas pruebas de concepto y lanzan productos con la ambición de movilizarnos. Tal es el caso de Sona, de OpenAI, o el espectacular Veo 2 de Google, capaz de generar a partir de texto vídeos de un realismo impresionante.

No basta con aterrizar en lo inesperado: hay que concretarlo y hacer de ello algo capaz de alumbrar el camino del *hype*.

La captura de la imaginación colectiva

Hoy en día, el *hype* en los procesos disruptivos se ha vuelto tan común que apenas hace falta explicarlo. Solo con recordar lo que pasó en noviembre de 2022 con ChatGPT y el sinnúmero de declaraciones y manifiestos realizados por políticos, científicos, pensadores, escritores de reconocido prestigio, podemos entrever su enorme poder.

El ejemplo de la IA generativa no es único ni singular, podemos remontarnos también al fenómeno del *blockchain*, los *bitcoin*, el metaverso, los coches autoconducidos, los taxis aéreos... Aunque nos cueste definir el *hype*, todos podemos identificarlo al instante.

Pero, a pesar de sus evidentes efectos contraproducentes, el *hype* cumple una función importante: permite capturar la atención y la imaginación colectiva hacia un tema en concreto, un tema que cuenta, potencialmente, con grandes posibilidades. Es, pues, un multiplicador que busca concentrar las energías de una sociedad hacia un tema. Es por ello por lo que tiene sus elementos positivos, negativos y algunos que, sin ser enteramente positivos, sí resultan útiles:

El *Hype*, lo positivo, lo negativo y lo útil

LO POSITIVO	LO NEGATIVO	LO ÚTIL
Captura talento	No todo es verdad	**Explora todo el espacio de posibilidades**
Captura capital	**Desperdicio de recursos**	**Dinamiza ecosistemas y mercados**
Genera proyectos	Proyectos oportunistas	**Dinamiza y canaliza inversión pública**
Genera investigación	Bucles negativos	**Moviliza a los incumbentes**
Genera innovación	Sectas	Crea nuevos ecosistemas
Nuevas oportunidades	**Cortoplacista**	Canaliza la investigación hacia la innovación

Fig. 4. El *hype*: lo positivo, lo negativo y lo útil

Entre **los elementos positivos** de este mecanismo generador de innovación basado en el mercado hay tres que son muy relevantes, sin los cuales no se podrían entender los desarrollos que estamos viendo este siglo:

1. En primer lugar, es capaz de movilizar talento. Un talento que se encontraba disperso entre otros muchos temas y que ahora se focaliza en esta nueva fiebre del oro y que contribuye al avance del campo. Esta concentración de talento de todo tipo (sobre todo en el campo de la investigación, pero también en el de los negocios) es esencial para el desarrollo de nuevas propuestas que apliquen y ensanchen los descubrimientos iniciales. Esta es una constante y lo hemos visto con el *deep learning,* el *blockchain,* la conducción automática o la IA generativa; campos, que, hasta el momento, eran nichos y devienen rápidamente en espacios estelares.

2. Pero el talento no es suficiente. El *hype* o la promesa de propuestas que van a cambiar el mundo también captura **capital** que está dispuesto a apostar por ellas. Este capital, aunque puede provenir de fondos públicos, es esencialmente privado, y es fundamental para su desarrollo. El nivel de riesgo y velocidad de estos bucles de innovación ni permite ni da tiempo a que el capital público, que muchas veces ha sido la semilla que ha generado las oportunidades, se involucre de manera plena. Es capital de alto riesgo, pero con multiplicadores potencialmente extraordinarios que pueden transformar una pequeña *start-up,* como lo era OpenAI, en la próxima gran multinacional, o pueden catapultar a empresas de productos complementarios como NVIDIA, encargada de fabricar los chips que hacen funcionar la IA generativa, a convertirse en una de las mayores empresas del mundo.

3. Sin embargo, talento y capital tampoco son suficientes por sí solos si no hay unos cuantos locos con proyectos que los pongan a andar. Esta **capacidad de generar proyectos** —muchas veces con metas bastante alejadas de lo que se considera como posible— es quizá el elemento más distintivo de este modelo de innovación generativa basado en el mercado. Estos proyectos van desde lo más disruptivo hasta aplicar ciertos productos pilotos o las pruebas de concepto iniciales a casos concretos. Hay una amplia variedad, pero son estas propuestas las que explorarán el espacio de soluciones que se ha abierto con los nuevos avances.

Como vimos en la tabla, hay también otros elementos positivos. Es interesante observar cómo estos ciclos de *hype* también **provocan la generación de nuevas investigaciones y desarrollos** en ese ámbito, algo que hará que el bucle siga adelante y alcance una mayor velocidad. De la misma manera, es muy importante la **generación de nuevas oportunidades** que aprovecharán investigadores, profesionales, empresas, *venture capital*, universidades, la administración, el sector público o, incluso, los organismos estatales de defensa. Y, en general, la generación de un enorme abanico de innovación a través del cual se explorarán todas las posibilidades que los nuevos descubrimientos auguran.

> El *hype loop* es un mecanismo de mercado destinado a la exploración y al ensanchamiento de la frontera de posibilidades existentes, en definitiva, se trata de un mecanismo de innovación.

Ahora bien, el *hype* no está exento de elementos negativos e incluso tóxicos. Quizá los dos más significativos son el enorme

desperdicio de recursos y su **cortoplacismo.** Veámoslos con detalle:

1. La mayor parte de las propuestas que se generarán en esta burbuja de *hype* fracasarán, no solo porque la innovación resulte ser, en gran parte, un fracaso, sino también porque algunas propuestas buscarán la captura de valor sin importarles los medios, y lo conseguirán a menudo con base en vender ideas no validadas que, obviamente, no llegarán a ninguna parte. Este enorme **dispendio de recursos** —tanto humanos como de capital como de ambición en los proyectos— es quizás el elemento más contraproducente de esta forma de generar innovación. En medio del *hype*, parece que todo puede llegar a funcionar, pero la verdad será muy diferente: la mayor parte de las propuestas fracasarán y solo dejarán una estela de desolación. En muchos casos, vidas truncadas y capitales arruinados a su paso. A todos —los *venture capital* los primeros— les gustaría conocer las claves para minimizar esto, pero la realidad es tozuda. **Si predecir el pasado es, en muchos casos, controvertido, predecir el futuro es apostar a que la realidad te enseñe una y otra vez lo errado que estabas.**

2. El segundo elemento importante es el **cortoplacismo.** No todas las innovaciones pueden desarrollarse con la rapidez necesaria para mantener el *hype*, sobre todo si tenemos en cuenta los niveles tan bajos de atención del siglo XXI. Tesla y SpaceX son quizá algunos de los ejemplos que han logrado mantener el *hype* durante años, e incluso décadas, pese a los fracasos, y con todo seguir capturando talento y capital. Son, sin duda, la excepción. Otros desarrollos que han tardado décadas, como las pantallas LCD o la fotografía digital, tienen grandes dificultades para

encajar en este mecanismo, y solo lo hacen cuando los prototipos o los productos iniciales que se presentan ya están muy desarrollados, como en el caso de las gafas 3D de Meta y Apple.

Hay muchos elementos negativos adicionales. Los *free-riders,* por ejemplo, que surfean las olas del *hype* intentando vender propuestas que saben que nunca funcionarán, a veces incluso antes de ponerlas en marcha. Pero también nos encontramos con organizaciones muy similares a las sectas, con sus líderes mesiánicos que convierten propuestas de innovación en mantras e ideología, como hemos visto con el *blockchain*. Como apuntamos antes, se trata de un movimiento social y, por lo tanto, no está ajeno a ninguna de sus bondades, pero tampoco de sus problemas.

Por último, nos encontramos con características que, aun teniendo algo o mucho de negativo, resultan útiles. Me gustaría destacar tres de ellas:

1. En primer lugar, y la más importante, es que se trata de un **mecanismo de exploración.** La mayor parte de estos mecanismos fracasará, sí, pero serán mucho más exhaustivos que si formasen parte de un proyecto público o, incluso, de uno privado. En la fiebre del oro habrá pocos sitios en los que no se haya buscado, aunque quedarán, sin duda, y la historia nos volverá a sorprender.

2. En segundo lugar, hay que resaltar su característica eminentemente dinamizadora tanto a nivel del capital como de la sociedad en general o la investigación. Especialmente importante es la **sacudida a las organizaciones tradicionales,** que se ven abocadas al cambio y a la transformación, mucho más allá de la adopción de la tecnología.

3. Y, finalmente, también hay que señalar la creación de **nuevos ecosistemas.** Esta es la característica más schumpeteriana de las tres, aquella donde se evidencia la importancia de la destrucción creativa. Y es que alrededor de las nuevas propuestas ya no solo se formarán empresas, formaciones u organizaciones, sino que aparecerán verdaderos ecosistemas que competirán con los actuales, dando lugar a algo nuevo. La IA generativa es un buen ejemplo de la creación de estos ecosistemas alrededor de tecnologías como LLMs o generación de imágenes y vídeos.

> El *hype* es un mecanismo capaz de explorar las posibilidades de innovación de una nueva propuesta altamente eficaz, aunque con costes muy elevados. Es capaz de crear nuevas realidades y ecosistemas, pero con severas limitaciones. Entre sus restricciones encontramos su relativo cortoplacismo, pese a que innovadores como Elon Musk o Steve Jobs prueben lo contrario manteniéndolo vivo durante largos periodos de tiempo.

La adopción, validación e innovación

La adaptación y la adopción que hemos descrito son, sin duda, muy importantes. Se diría que incluso decisivas en algunos casos. Aunque obviamente ya hay un cierto grado de innovación en la creación de la prueba de concepto, la explosión cámbrica que caracteriza los procesos de innovación disruptiva no está ahí, sino en la adopción de esta innovación y en su adaptación a un sinfín de organizaciones, industrias, sectores y empresas.

Esta adaptación raramente es la copia mimética de un proceso existente, sino más bien su mezcla con las características de la organización o la visión del emprendedor. Y es que pocas resisten intactas a su confrontación con la realidad. Todas ellas acaban evolucionando de manera incremental para adaptarse a las circunstancias y a las necesidades específicas de cada entorno. Al hacerlo, se transforman en propuestas similares con un origen común, pero en ningún caso iguales. Se transforman en innovación.

Así pues, podríamos decir que cualquier proceso de adopción es, a la vez, un proceso de innovación en la medida en que convergen dos procesos: la mezcla entre un patrón externo y uno propio, así como su evolución incremental. El primero se describe a menudo como el «Medici Effect» en referencia al fecundo periodo del Renacimiento italiano, propiciando enormemente el intercambio y la combinación de ideas. Al segundo lo conocemos como innovación incremental, porque se realiza paso a paso.

Ahora bien, en este punto no nos encontramos solo con un proceso de creación vía combinación y evolución, sino que también se validan las innovaciones previas. Es común que muchos proyectos que ya han superado los retos tecnológicos y *funcionan* no sean capaces de convertirse en una realidad, o bien porque no encuentran un modelo de negocio que les permita funcionar y escalar al ritmo deseado por sus inversores, o bien la aceptación del público sea más reducida.

Algunas de estas propuestas desaparecen rápidamente; otras, como Uber, Lyft o Glovo soportan pérdidas por un largo espacio de tiempo hasta que encuentran un modelo de negocio que las haga viables. **La clave es la aceptación de sus propuestas por parte de los usuarios. Sin clientes, no hay futuro; con clientes, el futuro puede parecer lejano, y, aunque cruzar el desierto sea costoso y arduo, se comienzan a vislumbrar sus resultados.**

Si los procesos de adopción tienen éxito, tendremos, por un lado, toda una serie de nuevos modelos de innovación a nuestra disposición. Por el otro, contaremos con la validación social necesaria para impulsar no solo una mejor adopción, sino también una mayor investigación que permita seguir alimentando el proceso de *hype* mientras captura el valor y talento a la vez que se generan nuevos proyectos.

Uno de los efectos de este modelo es la concentración de todas las propuestas en unas pocas en las que se ha podido contrastar su funcionamiento. Esto se debe a un fenómeno social muy simple: todos queremos copiar los mejores resultados de los demás. Esto da lugar a que, como ya hemos visto, la innovación se empiece a aplicar en unas múltiples situaciones con resultados similares y escasas variaciones. Esta situación traerá como consecuencia una dura competencia entre las propuestas que dilucidan aquellas que son capaces de apoyarse en efectos red, es decir, crecer con base en el incremento de valor que los usuarios perciben en una plataforma mayor, como es el caso de WhatsApp, sin necesidad de recurrir a la publicidad. Esto supone, por supuesto, importantes apuestas de capital durante largos periodos de tiempo y un mercado con una intensidad competitiva altísima, lo que conocemos como *red ocean*, un océano lleno de la sangre de los peces muertos durante la batalla.

En la medida en que haya nuevos descubrimientos y se ensanche la frontera de posibilidades, se incrementará la diversidad. Por el contrario, si esto no sucede, nos encontraremos con muchas propuestas similares que se entrecruzan en entornos y públicos algo diferentes.

Todo llega a su fin

Este proceso de innovación basado en un mecanismo de mercado produce una exploración acelerada que agota rápidamente la búsqueda de nuevas propuestas viables. ¿Cuáles son las razones?

a) La principal razón, o la más evidente, es **la falta de adopción.** Si las empresas o los clientes no adoptan dicha tecnología, el círculo virtuoso pronto se detendrá. Sin embargo, no es fácil averiguar a menudo si la adopción está funcionando o no. Por ejemplo, en el caso de tecnologías como el *blockchain,* la introducción de las monedas como bitcoin y *ethereum* distorsiona nuestra visión sobre la adopción del *blockchain* que ha sido sustancialmente menor que la de las monedas. Y, por supuesto, también afecta la continua eclosión de nuevos proyectos piloto que pretenden cambiar el mundo. Sin embargo, la falta de adopción en proyectos reales —y no pilotos— acaba imponiéndose. Un caso similar lo encontramos en la realidad virtual: a pesar de los esfuerzos y los productos de Apple (Vision Pro) y Meta (Quest 3), no ha logrado despegar por falta de adopción.

b) Muy relacionada con la anterior, encontramos **el fracaso de los proyectos por falta de un modelo de negocio adecuado o, simplemente, porque no son capaces de atraer a los consumidores.** Los robotaxis son un buen ejemplo de la dificultad de encontrar modelos de negocio para tecnologías emergentes, incluso cuando los prototipos funcionan. Hoy en día en ciudades como San Francisco podemos encontrar un buen número de robotaxis pertenecientes a Waymo que circulan, en muchos casos, francamente mejor que los conductores humanos. Sin embargo, este modelo de negocio se enfrenta a una ganancia escasa, prototipos carísimos y muy difíciles de amortizar, así como a la competencia de otras empresas como Uber y Lyft. No es difícil imaginar que se trata de un modelo de negocio, como poco, complicado.

c) **El agotamiento de la adopción** es otra de las razones habituales. Al principio, la adopción se da en aquellos casos en los que los beneficios están asegurados,

> pero, a medida que estos se agotan, la adopción se dirige a casos con rendimientos menos evidentes. Nos encontramos, pues, en una curva decreciente que puede llegar a entrar en territorio negativo cuando el proceso de adopción llega a su fin. Muchos patrones siguen este esquema como, por ejemplo, los *chatbots*. Estos mecanismos pueden ser muy útiles en algunos casos, pero llegan a ser omnipresentes, de poca utilidad y hasta contraproducentes.

Ahora bien, el fin no tiene por qué llegar necesariamente en la fase de adopción. **El cansancio del *hype* o el cambio de hábitos, gustos o tendencias es algo común.** Durante la pandemia todas las compras debían ser *online*, incluso en ciudades donde tienes oferta a pocos metros de supermercados. El tiempo, el cambio de hábitos y el final de la pandemia falsificaron esta hipótesis y las compras de supermercado *online* bajaron y con ellas se acabó del *hype* de la compra por internet que amenazaba con acabar con todo el comercio.

El *crash* de los productos asociados es también un motivo del fin del *hype*, como en el caso del bitcoin, que acabó con todos los proyectos relacionados con el *blockchain*. Algo similar ocurrió con los Tamagotchi, unas mascotas electrónicas que cuando aparecieron a finales de los años noventa causaron furor, pero que, con el fin de la tendencia, terminaron por perderse en la historia.

Finalmente, el bucle también se puede acabar por el agotamiento de los descubrimientos. Si no hay nada nuevo, si no hay nada sorprendente y todo es incremental, únicamente aumentando la eficacia de lo existente, entonces será difícil mantener el *hype*. Es el caso de los paneles solares, cuyo coste baja alrededor de un 10 % cada año, pero que no han podido mantenerse dentro de la ola de esperanza que despertaron hace unos años.

Sin *hype* no habrá captura de capital, talento ni proyectos y, por lo tanto, no habrá validación social o científica. Esta es la muerte natural del bucle: la nueva tecnología se agota cuando ya se han aprovechado todas sus posibilidades en todos los campos o, al menos, en los más rentables.

Inevitablemente, todo llega a su fin, pero todo llega a su fin de una manera diferente. Aquí la pregunta clave es saber detectar ese fin antes de que se produzca, antes de entrar en los rendimientos decrecientes o en inversiones, ya sean personales o de empresa, que van a ser imposibles de rentabilizar porque simplemente, cuando estemos preparados, estará cayendo en picado.

¿Cómo detectar el final? Es imprescindible estar atentos a todas las situaciones que hemos mencionado para intentar detectar cuándo va a acabar el bucle. Para ello es esencial poder tomarle el pulso al mercado. Si disponemos de información, aunque sea indiciaria, fabricaremos los indicadores del estilo de cuántas organizaciones han adoptado la innovación, así como echarle un vistazo a Google Trends e intentar distinguir entre pilotos y proyectos. Otro aspecto importante en este ejercicio es ser consciente de los tiempos de desarrollo y la duración del ciclo: ¿llegaremos a tiempo de aprovechar el *hype*? También de la posibilidad de desarrollar un modelo de negocio viable. Es fácilmente factible desarrollar un prototipo, pero ¿valdrá la pena? ¿Tendremos un modelo de negocio viable que lo respalde?

Hay una pregunta clave, ¿cómo competimos? ¿Qué ventajas a nivel competitivo nos va a aportar la adopción de esta tecnología? Estas cuestiones alrededor de la competitividad no tienen una respuesta única, ya que la intensidad competitiva y la capacidad de capturar o crear mercado no son características globales, sino locales.

Por lo tanto, estas respuestas locales son únicamente válidas en un tiempo y en un momento determinados, por lo que no podemos trasplantar de un entorno a otro sin rehacer por completo el ejercicio de análisis.

No todo es *hype*

En la actualidad, nos encontramos rodeados de propuestas, que rápidamente pueden escalar y transformar la realidad, basadas en la creación de *hype* a cualquier precio. Por supuesto, que esto suceda sigue siendo una anomalía: no son frecuentes, pero cuando ocurre, el éxito es atronador.

Ello no debe hacernos olvidar el hecho de que la mayor parte de la innovación no responde a estos parámetros. Buena parte de la innovación disruptiva viene precisamente de una evolución desde abajo y no de propuestas ya maduras como las examinadas en el apartado anterior.

Tampoco debemos olvidar el carácter impredecible de esta innovación. Ni la aparición ni la adopción de las propuestas disruptivas están siempre garantizadas, así como tampoco la inyección de más capital la garantiza —y, en algunos casos, ni siquiera la propicia—. Es más, estos ciclos de *hype* incrementan la incertidumbre en cuanto al éxito de las propuestas.

Hay un aspecto que nunca me cansaré de enfatizar. **La innovación es un fenómeno social y la invención no, pues proviene de la ciencia, la tecnología y la creatividad humana.** Pero la innovación, la aceptación por los usuarios y el mercado de estas nuevas propuestas son fenómenos eminentemente sociales. Cierto es que la globalización, la transmisión instantánea de las ideas y de la abstracción de los patrones de las propuestas más exitosas —incluso en temas altamente sofisticados— ha cambiado mucho las cosas.

Sin embargo, no estamos tan lejos de la tribu y la caverna, donde el descubrimiento de una nueva tecnología o herramienta era imitado con rapidez por los demás miembros del grupo que ensayaban nuevos posibles usos, refinando e hibridando innovaciones. Aquellos que consiguen tener más éxito siempre han sido los más imitados y han acabado creando unos caminos que se exploran más que otros. Los fenómenos sociales no evolucionan a la misma rapidez que los tecnológicos, y aunque los medios sí lo hacen, no lo hacen sus dinámicas. Para lo bueno y para lo malo, la imitación de las mejores prácticas es algo que conocemos desde el Neolítico y que sigue estando aquí; eso sí, ahora a la velocidad de internet.

Capítulo 3

La transformación digital y la IA

Los trabajos que van a sobrevivir a la IA durante mucho tiempo son aquellos en los que necesitas ser muy adaptable y tener habilidades físicas, y la fontanería es uno de esos trabajos.

GEOFFREY HINTON

Hasta ahora hemos hablado mucho de las disrupciones a nivel macro, es decir, cómo afectan a la sociedad y de cómo se producen. Todo esto tiene mucho interés porque son transformaciones que nos afectan a todos, pero para que nos influyan, para que se trasladen a nuestras organizaciones, se han de adoptar y asimilar en nuestro entorno de trabajo, lo que conllevará una transformación de la empresa. En este capítulo hablaremos de esto.

Lo primero es entender de qué estamos hablando. Se trata de actualizar una organización, es decir, situarla en la frontera tecnológica. Este concepto de «frontera» es fundamental. Cuando hablamos de frontera tecnológica, nos referimos a las mejores prácticas posibles de acuerdo con el estado actual de la tecnología. Como podréis imaginar, esta frontera es cambiante y, en ocasiones, como en el caso de la IA generativa, avanza muy rápidamente. Asimismo, aunque la tecnología esté disponible, su aplicación en un campo específico puede no estar desarrollada aún y que sea necesario inventarla. Al hacerlo, no cambiaremos la frontera tecnológica, pero sí estaremos innovando.

Hay buenas noticias: situarse en la frontera tecnológica es relativamente fácil. Se trata de copiar, **copiar es la herramienta fundamental. Pero hay que saber copiar y especialmente en especial hay que saber qué copiar y qué no copiar**. Muchas de las prácticas más arriesgadas de algunas empresas son experimentos, y no prácticas asentadas, con lo que hay que copiar lo que funciona.

Por ejemplo, Amazon creó hace algún tiempo las tiendas *grab-and-go* en las que, gracias a tecnologías de imagen apoyadas en inteligencia artificial, se podía entrar, coger lo que necesitásemos y salir sin pasar por cajero alguno. Bien, después de desplegar algunas de estas tiendas llamadas Amazon Go en varias ciudades de Estados Unidos, el proyecto se ha cancelado para reorientarlo hacia campus empresariales o universitarios. También se han decantado por carritos de la compra con escáneres incorporados. Algo más sencillo, más barato y probablemente igual de fiable. Sobre todo, algo que escala más y mejor.

Este es un buen ejemplo sobre qué no copiar. No se trata de calcar todos y cada uno de los proyectos pilotos que desarrollan las grandes empresas o las *start-ups*. La razón es simple: esos pilotos son una exploración, y la gran mayoría fracasará. ¿Qué es entonces lo que debemos asimilar?

El concepto de frontera tecnológica nos ayudará de nuevo. En su interior encontramos las buenas prácticas ya asentadas; fuera, en cambio, se sitúa todo aquello que es posible, pero que aún no ha llegado. Todos esos proyectos que requieren no solo de una mayor exploración, sino también de desarrollo e implementación.

Es importante recalcar que la frontera no es algo estable y perfectamente definido, sino, más bien, una curva suave que delimita con precisión lo que sabemos hacer bien de lo que no. Nada más lejos de la realidad. **La frontera tecnológica es un terreno lleno de curvas inexplicables, con bordes poco definidos y en constante movimiento.** Es complicado tener un mapa fidedigno de esa frontera, sobre todo en áreas donde la innovación se mueve con rapidez. Obviamente, nos interesa, y mucho, conocer esa frontera, porque copiar lo que está dentro es más fácil y seguro que aventurarse en un terreno desconocido. Pero situarse en sus límites y aventurarse más allá no es sencillo, es el territorio de los expertos que siguen la actualidad de la innovación y pueden situarla, con cierta precisión, en términos de riesgo, de prácticas asentadas y reproducibilidad. Además, también nos darán las claves de algo muy importante: cuál será el multiplicador que nos reportará la adopción de esa práctica. Porque se trata de eso, de incrementar nuestra productividad y, en definitiva, de que valga la pena.

Hablemos de copiar

Muchas veces nos referimos a «copiar» con un tono despectivo porque pensamos que no tiene ni mérito ni dificultad alguna. Creemos que copiar no es innovar. Ciertamente el grado de novedad que introduce la copia es bajo, aunque no por ello deja de ser comparable al que tenemos en el caso de un desarrollo propio.

La razón es simple: **no existe la copia exacta en innovación. Copiar implica un cierto grado de abstracción y adaptación a unas condiciones y entorno determinados.** En la medida en que esa adaptación sea mayor —tanto porque la abstracción del concepto a copiar sea alta como porque la adaptación necesaria para la adopción del patrón lo sea—, tendremos innovación.

Hablamos de «patrones», pero ¿qué son los patrones, realmente?

Si algo nos caracteriza como humanos es la abstracción. La abstracción es un recurso heredado de nuestro córtex visual que nos permite identificar objetos y personas como un todo. Así, hablamos de un coche o de una bicicleta en lugar de referirnos a cada uno de sus elementos por separado. Utilizamos la abstracción constantemente; de hecho, el lenguaje es, de por sí, una forma de abstracción.

Los humanos tenemos una memoria a corto plazo muy limitada, algo que resalta aún más la importancia de este recurso. Tanto es así que únicamente podemos recordar después de oír o ver una cantidad entre tres y siete objetos. Muy pocos en comparación a muchos primates que pueden recordar veinte o más sin grandes esfuerzos. Esta es una de las razones por las que utilizamos la abstracción: nos permite agrupar conceptos y recordarlos con mayor facilidad. Las famosas tablas de 2x2 tan utilizadas en las escuelas de negocios responden a la misma necesidad: agrupar, en un número reducido de conceptos, el conjunto de la discusión para facilitar su recuerdo.

Cuando adoptamos una tecnología o una innovación no intentamos reproducir cada detalle de la implementación que ha hecho un competidor, sino que buscamos los rasgos comunes en la implementación entre algunas de las empresas de la competencia y adaptamos estos rasgos a nuestro caso.

Hay varias razones por las que lo hacemos así. La primera y la más obvia, es por necesidad. No hay dos organizaciones iguales y, por lo tanto, la copia exacta no sería posible. La segunda, también evidente, es porque difícilmente conoceremos todos y cada uno de los detalles para poder hacer una copia exacta. Y, en tercer lugar, porque todos pensamos que podemos copiar los mejores rasgos de cada una de las implementaciones y esquivar los errores (por cierto, esto también funciona para las personas).

El proceso de **extraer patrones,** como hemos visto, no es nada nuevo, es un proceso social que ha funcionado desde el principio de los tiempos y que forma parte de nuestra forma de procesar y destilar el conocimiento. De hecho, tenemos instituciones dedicadas casi exclusivamente a ello. Este es el caso de los consultores, de los periodistas de negocios, de los *thought leaders* y también de las escuelas de negocios, aunque normalmente estas llegan muy tarde.

Ejemplos de este tipo de patrones son las plataformas, modelos de negocio como *freemium,* el uso de *convolutional neural networks* para la identificación facial, las cajas de autoservicio en supermercados y tantos otros. Como vemos, no está restringido a la IA ni a la tecnología: son fórmulas genéricas que se adaptan a diversas situaciones y problemáticas. El éxito depende siempre de dos variables:

1. **La calidad y la conveniencia del patrón,** es decir, si realmente es una fórmula de éxito que encaja en la organización.

2. **El modo en que se implementa.** El ajuste es crucial, y aquí radica en gran medida el valor de los consultores. Después de haber visto, participado y realizado muchas implementaciones, estos profesionales tienen no solo la experiencia, sino también ese conocimiento que no puede o no se ha codificado aún y que les permite acertar y realizar la implementación con éxito del patrón.

Como muchas cosas en la vida, los patrones no resultan válidos eternamente, ya sea porque la tecnología se convierte en obsoleta, ya porque se descubren nuevos modelos, o simplemente porque los gustos de los consumidores cambian o la sociedad avanza. Rara vez tenemos tiempo hoy en día de llegar a definirlos con precisión o de disponer de las guías de implementación perfectas. La experiencia y también —por qué no decirlo— el acierto y la suerte de quién los implementa se convierte en crucial.

Lo que debemos entender es que este proceso de copia a

partir de patrones (obtenidos a partir de la observación de muchos casos o de unos pocos) es, en sí mismo, un proceso de innovación. Hay dos razones:

1. En primer lugar, la inserción del patrón en tu estrategia (ya sea de toda la organización, del grupo o en las características del producto) **crea una nueva estrategia, un nuevo producto o servicio.** Como no hay dos estrategias iguales, aunque el patrón sea el mismo, el resultado será diferente. A menudo se trata, simplemente, de un nuevo uso o de una variante de algo con anterioridad existente. El componente de novedad es bajo, pero sin duda existe. Estamos ante un mecanismo de **recombinación**.

2. Hay un segundo mecanismo que se aplica de forma natural, pero que a menudo pasa desapercibido. Y es que esta recombinación no funciona siempre a la perfección. Obviamente, al ser el resultado de mezclar dos estrategias diferentes, es difícil que se ajuste a una situación concreta, por lo que son necesarios ajustes que perfeccionen y adapten su funcionamiento al entorno. Este es un proceso de **mutación** donde, poco a poco, pequeños ajustes modifican la estrategia, el producto o el servicio hasta encontrar una adaptación lo suficientemente buena.

Hasta ahora hemos hablado de la importancia de situarse en la frontera tecnológica para poder competir, pero, obviamente, si logras cruzarla, si logras ir más allá, obtendrás una notable ventaja competitiva. No hay ninguna garantía de que este mecanismo nos lleve más allá de la frontera tecnológica. De manera habitual encontraremos un uso nuevo de algo que ya conocemos, y quizá algunas variantes o adyacencias cercanas a la posición en la que nos encontramos. Pero, como podéis ver, hay algo de aleatorio en todo esto de recombinar y hacer evolucionar. Ese algo nos puede llevar más lejos, probablemente sin quererlo. Este es, en efecto, el mecanismo por excelencia de la transformación digital, el mecanismo que nos permite situarnos en, o cerca de, la frontera tecnológica.

Pero aún nos queda una pregunta algo práctica por contestar. ¿Cómo escogemos esos patrones? Confiar en instituciones de prestigio, consultores, gurús tecnológicos, expertos o académicos es, sin duda, una buena posibilidad. El prestigio es, en principio, una señal de su formación y de su capacidad para resolver problemas. Pero también es importante conocer qué características deben tener esos patrones y no olvidar que hablamos de un mecanismo social y, por lo tanto, que nos resultará familiar.

¿Qué características deberíamos buscar en estos patrones para poder escoger los mejores? Aquí señalamos algunas de ellas:

1. La primera característica es que los usen **organizaciones de éxito.** Que a ellas les funcionen bien no es una garantía de que nos vayan a funcionar a nosotros, pero si a ellos no les resultan útiles es porque, probablemente, no sirvan.

2. La segunda característica es que ya hayan sido adoptados y hayan mejorado **la situación de otras organizaciones.** Al igual que en el caso anterior, esto puede resultar bastante obvio, entre otras cosas porque resuena con nuestra experiencia humana, con lo que llamamos «civilización». Pero aquí debemos discutir, aunque sea de forma mínima, qué quiere decir «adoptados». ¿Debemos esperar a que sean ampliamente adoptados o es preferible tenerlos en cuenta en un estadio más inicial? Bien, la palabra clave es ***riesgo***. ¿Cuál es el nivel de riesgo que queremos asumir? Si los adoptamos cuando ya están muy validados socialmente, nuestra posibili-

dad de tener una ventaja competitiva será mínima, ya que gran parte de nuestros competidores los habrán adoptado. Si, por el contrario, somos de los primeros, podría ser que ese patrón de innovación no funcionase, por lo que habríamos contribuido a la labor social de validar el patrón negativamente —aunque llegados a este punto, dudo que nos sirva de consuelo—. Cuál es el nivel de riesgo que queremos asumir es la pregunta auténtica que debemos plantearnos.

3. La tercera y última característica es sobre si deberíamos priorizar la elección entre las organizaciones más cercanas a nosotros o bien entre otras más lejanas, dado que todas podrían tendrían éxito. Aquí tenemos una consideración dual:

   La primera consideración es **en qué mercado queremos competir.** Si nuestro mercado es principalmente local, iremos más sobre seguro si escogemos patrones validados allí o en mercados de características similares. Si es global, es obvio que ocurrirá lo contrario.

   La segunda consideración es **cuánto riesgo queremos asumir.** Sin duda, un patrón muy aceptado en nuestro mercado local, nos puede dar una ventaja competitiva. Sin embargo, es muy probable que o bien ya estará muy adoptado, o bien será muy fácil de adoptar por nuestros competidores. Esto, como os podéis imaginar, reducirá cualquier ventaja competitiva. Por el contrario, imaginemos que adoptamos un patrón de un mercado lejano por lo que se refiere a sus características. La adopción será más difícil, pero nos puede llevar, potencialmente, a una mayor innovación y, por ende, a disponer de una ventaja competitiva substancialmente mayor.

En resumen, hemos desarrollado tres conceptos. El de **frontera tecnológica,** el de **copia** como herramienta de innovación (vía recombinación y mutación) y los **patrones de innovación**, que son nuestra materia prima. Con estos tres conceptos ya estamos en condiciones de adentrarnos en la **transformación digital.** Solo nos queda por explorar qué tiene de tan interesante lo digital, por qué lo digital y la IA pueden (y van a) transformar el mundo.

La transformación digital y la IA

¿Os habéis preguntado alguna vez qué es esto de la «transformación digital»? La respuesta más inmediata es que se trata de la incorporación de diferentes tecnologías digitales a una organización, y no es una mala respuesta. Empezó con los dominios .com a finales de los noventa y tuvo su punto álgido en el 2000, ya hace de esto algunos años, pero seguimos hablando de la transformación digital de nuestras organizaciones.

Una definición algo más amplia a lo que está sucediendo es la traslación a código, es decir, a *software*, de tareas que antes realizaban humanos. Esta traslación puede ser total o parcial, automatizando la tarea en su totalidad o, simplemente, aumentando la capacidad humana de ejecutarla.

> Trasladar tareas puede afectar a la estructura propia de la organización y, por supuesto, al trabajo y a la sociedad de forma más general. Debido a todas estas implicaciones, la transformación digital es a menudo un proceso difícil, y es que hace chirriar la propia estructura de nuestras organizaciones.

Os preguntaréis entonces por qué después de casi treinta años seguimos hablando de transformación digital, y es una cuestión honesta e interesante que tiene una doble respuesta.

La primera es que, aunque el mecanismo siempre es el mismo —trasladar a código todo o parte de una tarea, automatizando o aumentando las capacidades humanas—, las tecnologías no lo son. Las tecnologías digitales giraban, en sus inicios, giraban alrededor de internet y se concretaban en crear páginas webs. Ahora, sin embargo, giran alrededor de la IA, particularmente del uso de la IA generativa en nuestras organizaciones.

La segunda respuesta tiene que ver con nuestro anterior capítulo. La velocidad de adopción no es ni igual ni uniforme en todas las organizaciones, sino que depende de muchos factores: de la aplicabilidad de la tecnología, de la disponibilidad de talento, de la flexibilidad de la organización, del liderazgo... Pero hay una que sobresale: la intensidad competitiva a la que están sometidas. Si es baja, también lo será la velocidad de adopción.

Hoy en día, además, tenemos otra razón para hablar de la transformación digital, ¿o quizá deberíamos llamarla «transformación de la IA generativa»? La irrupción de la IA generativa está originando una nueva ola de transformación en nuestras organizaciones.

Las empresas y la organización del trabajo son un reflejo de la tecnología existente. La famosa fábrica de pines donde el trabajo se dividía en pasos y de esta forma se obtenía una mayor productividad, era un reflejo de la reducida capacidad tecnológica de la época que permitía aumentar el trabajo individual, pero sin automatizarlo. A medida que la tecnología evolucionó (y parte de este trabajo pudo ser automatizado), cambió la organización de la planta.

Pero no fue solo la organización del trabajo en la planta. Toda una estructura de capataces vigilaba, en tiempos de Adam Smith, ya no solo la realización del trabajo, sino también su ritmo. Esto dejó de ser necesario al automatizar las labores, ya que eran las máquinas las que marcaban el ritmo. Y esto, obviamente, cambió también la propia organización. La productividad dejó de ser el resultado del control de las personas y pasó a ser el producto del trabajo de los ingenieros que diseñaban y controlaban el trabajo en planta. En esta nueva etapa, los ingenieros de planta eran los protagonistas y los actores principales.

Con todo esto, podemos ver cómo **la estructura productiva y organizativa es el producto del nivel tecnológico vigente.** Si pensamos qué ha pasado con la tecnología en los últimos años, entenderemos con rapidez por qué seguimos hablando de transformación digital o, más recientemente, de la IA. En efecto, la tecnología no ha parado y, por lo tanto, la necesidad de transformar nuestras organizaciones tampoco ha cesado.

La expansión de la frontera tecnológica

En la raíz de toda esta transformación no está otra cosa que un proceso adaptativo. Y como todo proceso adaptativo, responde a su entorno, que no es el mismo en todo el planeta y en todas las industrias.

Pero estamos hablando de procesos sociales, no se trata tan solo de una reacción al medio, sino también de actuaciones sobre este medio con el objetivo de competir mejor. **No olvidemos que toda economía de mercado es un entorno competitivo, y que precisamente de ahí surgen su eficacia y su capacidad endógena de innovación.** Los agentes involucrados quieren progresar y, eventualmente, ¡ganar!

Así, el origen de las transformaciones tecnológicas en las organizaciones se sitúa en la expansión de la frontera tecnológica. Las organizaciones incorporan diferentes variantes tecnológicas en función de su tamaño, entorno competitivo y social, intensidad competitiva... a medida que estas aparecen. Las *best practices* se asientan y adecuan a su entorno particular. Al surgir nuevos descubrimientos y desarrollos, las posibilidades cambian y aparecen nuevas opciones, posiblemente mejores, y de esta manera se expande la frontera tecnológica. Veamos algunos ejemplos.

Como hemos visto, el concepto de transformación digital se origina con la aparición de **internet** en la era .com. Internet cambió radicalmente la forma de comunicarse, de vender productos, de encontrar proveedores y operar con ellos, entre otras muchas cosas. El mercado se hizo mucho más global, ya que el acceso a la web se realizaba en un mismo nivel.

La transformación de internet destruyó muchas tareas y cambió la forma de operar de otras muchas. Empleos como *content manager,* SEO y un largo etcétera aparecieron o se transformaron con esta revolución. Los ejércitos de vendedores organizados de forma piramidal fueron sustituidos por páginas web, correos electrónicos dirigidos, anuncios y expertos en *marketing* digital que los gestionaban. Todo ello implicó un cambio en la estructura organizativa de las empresas: los departamentos de ventas de muchas empresas se redujeron para atender solamente a los grandes clientes o desaparecieron por completo en los casos de la venta *online.* El canal en la red creó su propia estructura organizativa y alcanzó grandes cotas de poder en los grupos de *marketing* y ventas, hasta el punto de que el *marketing* digital se comió al *marketing* tradicional.

Pero no solo hubo transformaciones verticales. Ese fue el momento en el que el correo electrónico transformó para siempre la comunicación entre personas, pero también dentro las organizaciones y desplazó completamente al correo interno, al fax y al correo postal. La comunicación se convirtió en algo inmediato, instantáneo, pese a lo alejados que estuviesen los interlocutores. El mundo estaba ahora a un solo clic de distancia. Esto trajo consigo transformaciones organizativas y modificaciones en la velocidad a la que se desarrollaban las interacciones en la organización.

El ejemplo sobre las comunicaciones resulta muy útil para ilustrar la falta de uniformidad de cualquier transformación y, en general, de la difusión de las tecnologías. Después de un cuarto de siglo del punto más álgido de esta disrupción, encontramos entornos donde aún se usa el burofax, comunicaciones por parte de la administración pública que usan el correo tradicional —como es el caso de las campañas electorales—, así como muchos otros ejemplos que nos recuerdan más bien al Pleistoceno; algunas de ellas, con costes económicos y sociales muy altos. Reflexionar sobre las circunstancias que explican su supervivencia a lo largo de los años nos ayudará a entender mejor por qué la difusión de la innovación y de la transformación digital se desarrollan a varias velocidades.

La segunda gran transformación fue el ***big data.*** El uso generalizado de internet permitía recoger muchos datos de nuestros clientes que reflejan sus preferencias, sus gustos. De esta manera, podíamos saber qué buscan, qué les producía interés. Y todos estos datos se han podido gestionar y analizar mediante algoritmos de IA tradicional. El *big data* fue una explosión total, portada de la revista *Time* en 2011, de la *Harvard Business Review* y de tantos otros medios desde entonces. Quizá su momento más álgido lo podríamos situar en el artículo de Thomas H. Davenport en *HBR* en octubre de 2012: «Data Scientist: The Sexiest Job of the 21st Century».*

Esta segunda gran transformación fue tan revolucionaria como la anterior. Aparecieron no solo muchas nuevas profesiones como las de *business analyst, data analyst, machine learning engineer,* etc., sino también cambios importantes en la estructura y operaciones de las empresas. Ser *data-driven,* orientar la gestión con base en los datos, se convirtió en la tónica, tomar decisiones de acuerdo con experimentos en las plataformas *online* se convirtió en la manera normal de proceder. La pregunta más relevante en esta transformación fue la de dónde situar este nuevo tipo de competencias. ¿Debería ser un único departamento centralizado? ¿De manera individualizada para cada unidad de la organización? ¿Un enfoque mixto, quizás? Estas han sido, y aún son, algunas de las discusiones más comunes. Como podemos ver, en este caso cambiaron, además de los procedimientos

* https://hbr.org/2012/10/data-scientist-the-sexiest-job-of-the-21st-century

y la estructura organizativa, también la manera de tomar las decisiones dentro la organización y el conjunto de competencias básicas que una amplia parte de la organización debería poseer. Los cursos de *Business Analytics* se popularizaron rápidamente y apareció una disciplina especializada, el *business intelligence*, que incorporaba parte de estas necesidades. El *machine learning* salió de los departamentos técnicos y proyectos especializados y se convirtió en una herramienta habitual en todas las áreas de la organización.

Pero, al igual que en el caso anterior, esta transformación tampoco fue uniforme a través de sectores, geografías u organizaciones. Aún hoy, los datos son la asignatura pendiente de numerosos sectores y muchas organizaciones no son *data-driven*. La evaluación de resultados en áreas como el sector público brillan por su ausencia.

Otra de las transformaciones que ha sacudido la industria y las organizaciones estos últimos años ha sido el Cloud. Da la impresión de que todos los centros de datos privados deberían cerrar y moverse al Cloud, ¿no?

Los beneficios Cloud están claros para muchas organizaciones. En primer lugar, los enormes costes de instalación y mantenimiento tanto del *hardware* como de las aplicaciones se convierten en costes variables que se modulan con la demanda. Esto es algo muy importante, ya que en muchos casos el transaccional, es decir, la operativa diaria del negocio, carece del volumen suficiente, resultando en un coste por operación muy elevado, más aún cuando se deben soportar ocasionales picos de demanda.

Un segundo beneficio, también muy evidente y ligado al anterior descrito, es la escalabilidad de las aplicaciones. Escalar (y desescalar) se convierte no solo en algo fácil, sino también en algo inmediato. Esto es muy importante para las *start-ups* que presentan un crecimiento exponencial, pues de otro modo no les sería posible afrontarlo. Instalar un centro de datos y ponerlo en funcionamiento requiere de una importante inyección de dinero, pero también de tiempo. Un tiempo que no es posible recortar porque implica instalaciones, permisos, pruebas, etc.

El Cloud ha transformado radicalmente la estrategia de estas empresas, convirtiendo los centros de datos en costes variables donde solo se paga por lo que se utiliza.

Hay muchos más factores que han hecho del Cloud una revolución, como la posibilidad de experimentar en entornos que creas y destruyes en un instante. Esto es particularmente importante en el cambiante mundo del IT, cuando aparece una nueva tecnología y no está claro qué entorno es el más adecuado para tu empresa o, simplemente, cómo al integrarla se pueden crear varios entornos donde *probar* esa tecnología con varias alternativas, escoger la que mejor funcione y destruir esos entornos de pruebas. Todo ello sin tener que ver con inversiones adicionales en equipos, *software* y en muchos casos licencias.

También nos permite usar procesadores especializados para la IA sin realizar una gran inversión inicial que, inevitablemente, quedarán obsoletos en pocos meses, algo común en estos días. Y, cómo no, disponer de un *software* de primer nivel sin tener que comprarlo, sin licencias y de conexión a internet de altísima velocidad con todo lo que ello posibilita.

¿Ha cambiado el Cloud la estructura de las organizaciones? Sin duda. Cualquier directivo de una empresa tecnológica subrayará la importancia del *cloud* (o la nube) y, sobre todo, las aplicaciones almacenadas en ella. Y es que este es un punto clave: la nube nos ha permitido el uso de diferentes *softwares* o aplicaciones gracias a una simple conexión. Este modelo de distribución en el cloud que se llama Saas (Software as a Service) en muchas ocasiones no pasa siquiera por el departamento de tecnología, por lo que ha cambiado la estructura organizativa, las dependencias y empujado la frontera de lo posible en muchas entidades.

Podríamos continuar con el internet de las cosas (IoT), la robótica y muchos más; con ejemplos menos genéricos y más sectoriales, enfocadas a la industria, las telecomunicaciones, etc., pero la idea es siempre la misma. **Las transformaciones tecnológicas buscan aprovechar las nuevas posibilidades que una nueva generación de tecnologías brinda al mercado.** Una vez que la frontera tecnológica se ha expandido, se trata de adoptar las mejores prácticas emergentes que se sitúan en lo ya explorado o aventurarse en otras nuevas, obviamente a costes diferentes.

En el caso de la disrupción que nos ocupa, la de la IA generativa, hablamos de una tecnología de muy amplio propósito, que afectará de una manera transversal y profunda a la organización en su totalidad durante un largo tiempo, ya que todavía nos encontramos en las etapas iniciales.

La transformación de la IA

La transformación de la IA se mueve alrededor de dos grandes líneas: la **automatización** y el **aumento de la capacidad humana para realizar tareas.** Las economías de ambos casos son muy diferentes. En paralelo nos encontramos con tareas que son enteramente digitalizables y otras que no lo son. También en este caso las economías resultantes son muy diferentes.

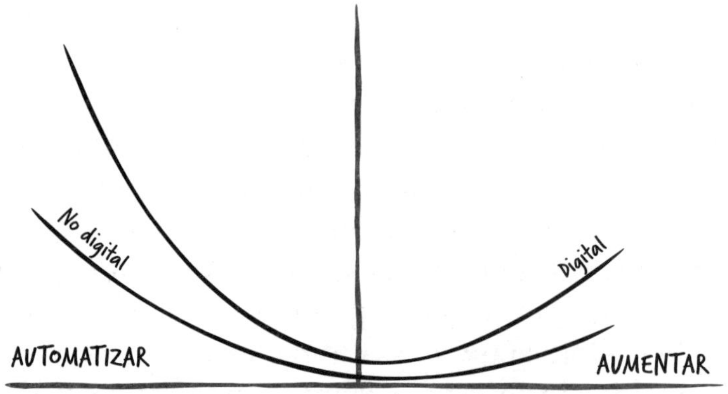

Fig. 5

La fijación de precios en las plataformas digitales es un caso emblemático de automatización en un entorno completamente digital. Hace ya algunos años, Amazon cambiaba unos cinco millones de precios al día (hoy, probablemente sean muchos más), y lo hace dependiendo de la zona, de la hora y de otros muchos factores. La optimización de precios nos permite situar el mejor precio a cada cliente y, por lo tanto, obtener el máximo beneficio, sin dejar fuera grupos enteros de clientes. El *dynamic pricing* no se beneficia aún de la IA generativa, sino de instrumentos tradicionales. Pero, probablemente, en un futuro no muy lejano, la IA generativa le permitirá entender mejor el sentimiento alrededor del producto, del mercado y la competencia, y lo incorporará.

En el otro extremo —también en el entorno digital—, encontramos un conjunto de ejemplos que lo que hacen no es sustituir o automatizar, sino aumentar la capacidad humana para realizar ciertas tareas. Este es el caso de la programación. La programación y la ingeniería de *software* son los mejores ejemplos de uso de la IA generativa en la actualidad: más del 80 % de los programadores usan IA generativa; en particular, GitHub Copilot, de Microsoft y OpenAI, aunque algunos usan directamente ChatGPT, Claude de Anthropic, Cursor o las propuestas de Google o Amazon. Son los programadores los que *preguntan* a la IA generativa y usan sus respuestas con modificaciones (o sin ellas). De alguna forma, todos estos programas se comportan como una calculadora muy potente e inteligente que es capaz de generar y mejorar códigos en diferentes lenguajes de programación. En estos casos, los incrementos de productividad pueden ir desde el 20 % hasta el 300 %, dependiendo del caso.

En la misma línea vemos la evolución del uso de la IA generativa en legal, consultoría o análisis financiero. En estos casos están apareciendo modelos customizados para cada uno de esos entornos con la información privada de empresas. Un buen ejemplo es Lilli, el modelo creado por McKinsey, una de las grandes consultoras tecnológicas a nivel mundial y que es el resultado de la cooperación con OpenAI y Mckinsey recogiendo datos e informes de la consultora a lo largo del tiempo —debidamente anonimizados—. Este sistema es capaz de ofrecer respuestas inteligentes a los consultores con base en todo ese conocimiento almacenado. No es algo tan sencillo como proporcionar más información al modelo. Es, más bien, un conocimiento profundo de los modelos subyacentes, del lenguaje y de la forma de presentar las respuestas que requiere una customización exhaustiva.

Un caso similar (pero aún más complejo) lo encontramos en el campo legal. Allí, OpenAI y Harvey, una *start-up* del mundo de la IA legal, están colaborando en la creación de un *chatbot* para el ámbito legal. En este caso, no se trata solo de adaptar un vocabulario y una forma de presentación que incluya referencias a la jurisprudencia, sino también entender la lógica profunda de los conceptos legales y cómo se relacionan entre ellos.

El análisis financiero es un campo importante donde se aúnan temas de conocimiento y ponderación del sentimiento de mercado con temas más técnicos de análisis de estados financieros. Bancos de inversiones como Goldman Sachs, Morgan Stanley o JPMorgan Chase están apostando fuertemente por este tipo de tecnología que promete tener un impacto muy importante en el sector. Accenture estima que tres cuartas partes de las horas de trabajo podrían ser reemplazadas o complementadas con la IA generativa. Goldman Sachs, Morgan Stanley y otros bancos comentan que podrían reducir las contrataciones de *juniors* en dos tercios y no solo eso: también los salarios de los contratados. Jamie Dimon, director ejecutivo de J. P. Morgan Chase, en su carta anual a los accionistas mencionaba que la IA generativa podría reducir algunas categorías de trabajadores y comparaba sus consecuencias con las de la máquina de vapor, la electricidad, los ordenadores o internet. Jay Horine, codirector de la banca de inversiones, mencionaba que podría reducir tareas de diez horas a diez segundos, pero que, al mismo tiempo, podría hacer el trabajo mucho más interesante.

Dos campos donde sí está claro que va a tener un gran impacto es en el de la *business intelligence* y el *business analytics*. En estos sectores se parte de unos datos normalmente guardados en un sistema de almacenaje —conocidos como *data warehouse* o *data lake*—para Analytics. Estos datos alimentan diferentes cuadros de mando *(dashboards)*, que los usuarios consultan y sobre los que pueden actuar de una manera limitada. A partir de un punto, sin embargo, hace falta conocer la estructura de los datos y un lenguaje específico (lo que llamamos lenguaje de consulta estructurada o SQL por sus siglas en inglés) para profundizar en ellos. Pues bien, aquí es donde entran en juego los modelos extensos de lenguaje (LLMs), como ChatGPT, que son capaces de escribir con soltura en SQL muy bien a partir de un *prompt* o instrucción en lenguaje natural. Como era de esperar, las herramientas de *business intelligence* ya han incorporado la capacidad de hacer preguntas en lenguaje natural, eliminando la necesidad no solo de saber SQL y conocer la estructura de datos subyacentes, sino de muchos *dashboards*. Productos como QuickSight o PowerBI son buenos ejemplos de esta tendencia.

El futuro en este campo está claro: muy pronto los usuarios podrán interactuar con los cuadros de mando usando el lenguaje natural (incluso de viva voz) y ver el resultado de sus análisis al instante. Se han acabado los *tickets* y las peticiones al departamento de *business analytics*. En la misma línea, observaremos un descenso importante en las peticiones de *business analytics* que serán realizadas por los propios usuarios.

El campo de uso más prometedor es el de la interacción con los clientes, el *customer service*. En el gráfico, lo hemos situado a ambos lados: tanto en aumentar como en automatizar. Ello se debe a las diferentes posibilidades de aplicación que ofrece la IA en este ámbito.

Por un lado, vemos que empresas como McDonald's ya usan *chatbots* de IA generativa para aumentar la calidad y la precisión de las respuestas de su *customer service.* A menudo, es difícil para un operador de un *call center* conocer todos los detalles de las máquinas, la regulación o los procedimientos específicos, por lo que estos *chatbots* agilizan mucho el trabajo y reducen horas de formación y consultas a grandes manuales.

Lo mismo sucede en los casos de atención al cliente. Aquí tenemos variantes, pues en algunos casos, como en el soporte al cliente de Gucci, está unido al CRM (el sistema de gestión de clientes), lo que ha permitido a la compañía aumentar en un 30 % la venta cruzada. Por el otro, su uso directo por parte del cliente interno (colaboradores de la organización) también se está generalizando debido en buena medida a su escaso riesgo y, claro está, la gran promesa es su uso externo. Aquí con toda probabilidad veremos una jerarquía donde inicialmente muchos clientes serán atendidos por *chatbots,* pero si lo requieren o lo requiere la propia interacción, esta pasará a ser realizada por humanos. Este es un buen ejemplo donde aumentar y automatizar se entremezclan, algo a lo que sin duda asistiremos con una mayor frecuencia en el futuro más próximo. La promesa tanto en el *customer service* como en el *client adquisition* no solo es reducir su coste a prácticamente cero, sino también aumentar en extremo la calidad de la respuesta y la interacción, convirtiéndola en un verdadero 24x7x365 que sea altamente persuasivo. En el momento en que este objetivo se logre asistiremos a un cambio en muchos negocios similar al *online.* Un cambio que hará posible nuevos modelos de negocio y transformará en obsoletos los existentes.

Ahora bien, cuando nos situamos en el terreno de lo no digital, aquellas áreas que solo pueden trasladarse a código de manera parcial o cuyo impacto al realizar la traslación no es una disminución drástica de costes hasta acercarlos a cero entonces nos encontraremos en otro territorio. Veamos algunos ejemplos.

El caso que analizamos previamente de los robotaxis de Waymo y el reciente anuncio de Tesla con el Cybercab— es un buen ejemplo. La propuesta es evidente: se trata de coches autoconducidos, totalmente autónomos y eléctricos, a los que llamas con una aplicación similar a las de Uber o Lyft y que tienen un precio similar. ¿Cuál es el problema? Si lo comparamos con los casos anteriores vemos similitudes, pues los costes de mantenimiento no son cercanos a cero; al ser eléctricos y autoconducidos son muy bajos, pero no tan bajos como cuando transformamos a código; es decir, no vamos a poder costearlo con un modelo de anuncios. Sin embargo, el coste de puesta en marcha es bastante alto: cada robotaxi es caro y la escalabilidad no es global, sino que es robotaxi a robotaxi y ciudad a ciudad. El modelo de negocio presenta asimismo la dificultad de competir con coches que compra el conductor. Cierto es que la evolución de costes y lo nuevos modelos de negocio que permiten que cualquiera monte su propia empresa de taxis harán esta propuesta cada vez más factible, pero lejana aún del mundo digital.

Esta es una buena demostración de las dificultades que encontramos cuando nos adentramos en el mundo de lo no-digital: elevados costes de instalación, una escalabilidad limitada por el componente físico y un modelo de negocio que debe competir con los existentes.

El caso de Google Maps es un ejemplo a medio camino entre lo digital y lo no digital. La información —en este caso, imágenes de las ciudades e información actualizada sobre las carreteras— se digitaliza y el coste marginal de proveerla, de dar servicio a un cliente más, es cercano a cero. Pero sigue siendo necesario ir capturando y recopilando estos datos ciudad a ciudad, así como mantenerlos actualizados en todo momento, lo que tiene un coste nada despreciable. Google

Maps nos permite aumentar nuestra capacidad de movernos en entornos no conocidos, optimizar nuestras rutas y descubrir las posibilidades que el entorno físico nos ofrece, pero seguimos siendo nosotros los que nos movemos.

Una vez vistos algunos ejemplos en los cuatro cuadrantes, estamos en condiciones de reflexionar sobre los multiplicadores que automatizar y aumentar proporcionan, tanto en los ámbitos digitales como en los no digitales, así como su escalabilidad.

El mayor multiplicador en lo que se refiere a productividad lo obtenemos con la automatización. En la medida en que podemos reemplazar tareas enteras por código —con costes marginales y decrecientes a escala, e incluso cercanos a cero—, los multiplicadores pueden llegar a ser muy grandes. Obviamente serán necesarias inversiones importantes, pero si tenemos una gran escalabilidad podremos compensarlas. Estos son los negocios digitales que hemos visto hasta el momento: redes sociales, herramientas de búsqueda como Google, etc., y el mismo proceso ocurre con la IA generativa. Eso sí, con niveles de inversión muy superiores.

Sin embargo, si solo podemos incrementar el trabajo de colaboradores humanos, estaremos limitados por su nivel de atención. Evidentemente, podemos incorporar un cierto grado de automatización, pero si deben prestar atención al texto, al fragmento de código o a la imagen, estarán restringidos por el simple hecho de que su día tiene un máximo de veinticuatro horas, lo cual limitará su capacidad de trabajo. Por lo tanto, el techo de ese multiplicador será, inevitablemente, limitado.

Como ya hemos comentado, aquellas tareas que sean digitales tendrán multiplicadores más altos que aquellas que impliquen el mundo físico, simplemente porque no será posible tener un coste marginal alto.

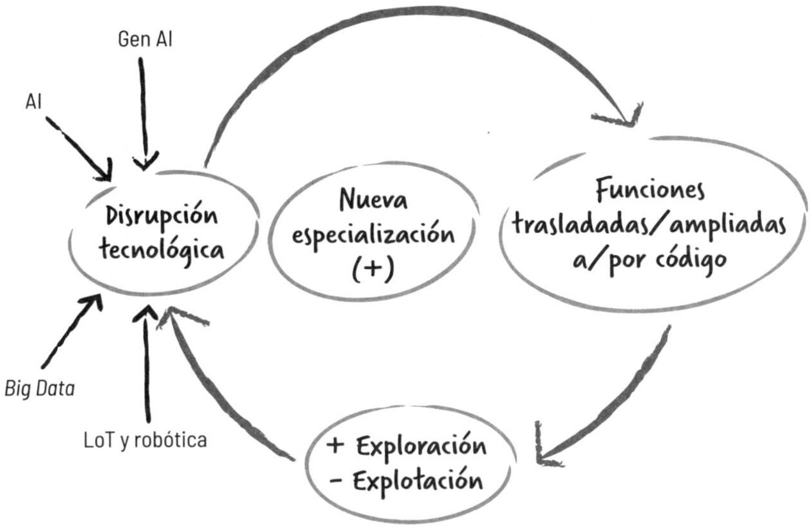

Fig. 6

En el próximo capítulo, cuando discutamos la economía de la IA, volveremos a este tema con detalle.

Estamos reemplazando colaboradores humanos por código, total o parcialmente según automaticemos o aumentemos. ¿Qué implicaciones tiene esto para la organización?

Implicaciones en la organización

La creación de valor proviene de los expertos, especialistas en temas tan diversos como programación, ingeniería o lampistas. ¡Ellos marcan la diferencia! Pero ¿de dónde proviene este talento?

A menudo no caemos en la cuenta de que este talento procede y está ligado a una tecnología en concreto. No existen los programadores sin los ordenadores, ni los electricistas sin electricidad, ni los ingenieros nucleares sin energía nuclear. Cualquier nueva tecnología crea y necesita de expertos que sean capaces de aplicarla y sacarle el máximo partido. De esta manera surgen nuevas profesiones que ocupan su espacio en las organizaciones y crean parcelas de poder. Y, al hacerlo, dirigen la evolución y el futuro de esas organizaciones.

Es importante reconocer los nuevos grupos creados por cada tecnología disruptiva y cómo, al originar nuevas profesiones, orientan la dirección de nuestras organizaciones.

La capacidad de capturar datos *online* y extraer conocimiento mediante *machine learning* ha creado la necesidad de *data analysts, machine learning engineers, data scientists, chief data officers* y todo un conjunto de trabajos que, a su vez, generaron una importante demanda de tareas, equipos, *software* y capacidad de proceso ligados con la disrupción de la IA en Analytics.

Anteriormente analizamos esto mismo en los casos de la creación de páginas webs, la gestión de contenidos, el *marketing* digital y el SEO.

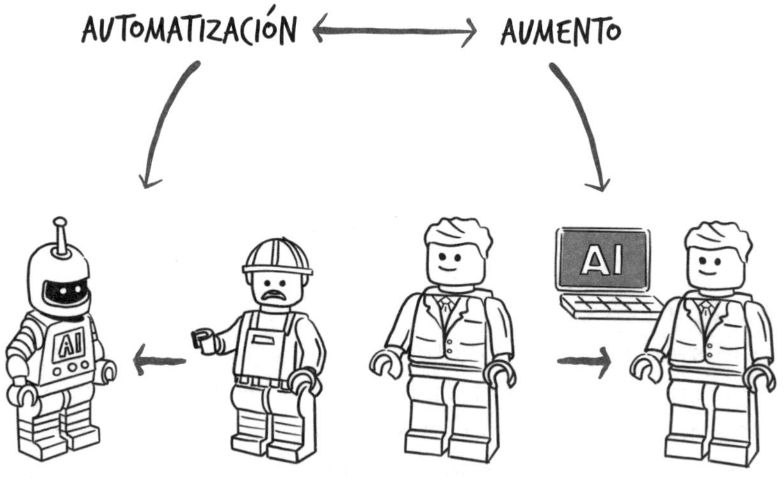

Fig. 7

Podemos observar cómo las disrupciones, al generar una expansión de la frontera tecnológica de lo posible, posibilitan que funciones que se realizaban dentro de la empresa se trasladen ahora a código, automatizándolas, o crean instrumentos para aumentar nuestra capacidad para realizarlas.

Al mismo tiempo, este proceso permite que algunas tareas antes imposibles de realizar debido a su elevado coste y a las limitaciones humanas sean ahora posibles. Por ejemplo, Google Search sería imposible de reproducir por humanos y deberíamos organizar un directorio jerárquico como el que tenía Yahoo. Al trasladar la organización de la web a un algoritmo —el PageRank— y a código, resulta no solo factible, sino tan barato que puede pagarse con publicidad.

Ahora bien, ¿cómo influirá todo esto en la estructura de la organización? Lo cierto es que nos encontraremos con nuevas funciones derivadas de las competencias generadas por la disrupción tecnológica. Estas competencias se orientarán habitualmente a aspectos decisorios, analíticos o directivos. Buenos ejemplos de ellos los tenemos en la revolución de los datos que transformó las empresas en *data-driven,* el IoT y los robots que han transformado totalmente nuestras fábricas. También lo podemos ver en la revolución digital, que cambió para siempre nuestra forma de comprar y relacionarnos ya hace unos años.

Asimismo, la transformación de funciones va en la misma dirección: la sustitución de la ejecución de las tareas por su supervisión y dirección. La ejecución se traslada a código o a una especie de código con ruedas o piernas como son los robotaxis o los robots humanoides. ¿Cuál es el impacto de todo ello en la organización de la empresa?

El impacto más inmediato consiste en incrementar la proporción de trabajadores que se dedican a la exploración respecto a aquellos que se dedican a la explotación o a la producción. Al trasladar ciertas funciones a código o aumentar la capacidad de realizarlas, necesitamos comparativamente menos gente en su realización. Sin embargo, y de manera algo paradójica, precisaremos de más colaboradores que lleven a cabo funciones como organizar los datos, los sistemas de IA, analizarlos, experimentar y, muy importante, pensar en todo aquello que podemos seguir trasladando a código, en cómo competimos en la disrupción.

El resultado a nivel organizativo es obvio: se rompe el equilibrio existente y estamos ante una organización más estratégica y menos centrada en los aspectos inmediatos de la producción. También en una organización más pequeña y más plana.

Pero hay una característica adicional. Aquellos que han utilizado la disrupción para transformar la organización ahora tienen más peso, sus competencias están más representadas y tienen más poder en determinar el camino que la organización seguirá. Ahondarán en lo que tan bien les ha funcionado. Contratarán más servicios y profesionales de la IA, harán más aplicaciones basadas en *big data* o IA generativa e instalarán más robots. Seguirán trasladando y aumentando funciones a código. Ello aumentará las posibilidades de que la disrupción continúe y avance, gracias al aumento de capital, talento y proyectos.

Como veíamos en el capítulo anterior, estos son los elementos que mantendrán la velocidad de la disrupción hasta que se agoten las posibilidades de uso de la tecnología en particular (o, por lo menos, hasta que no se descubra nada más). En otras palabras, hasta cubrir la extensión de la frontera tecnológica que la disrupción nos ha permitido avanzar.

Esta nueva organización surgida de la transformación de la IA competirá mejor en ese ámbito porque no solo adoptará las ventajas que la nueva frontera tecnológica ahora proporciona, sino que estará mejor adaptada a ese nuevo entorno.

Estamos, en fin, ante un proceso de redefinición del entorno competitivo debido a la expansión de la frontera tecnológica y la frontera de lo posible, así como la adaptación de los agentes que tendrán que encontrar una forma de trabajar, organizarse y un tamaño acorde.

Como veis, parece algo muy nuevo, pero es el mismo proceso que hemos encontrado a lo largo de la historia de la humanidad. Eso sí, en este caso, a mayor velocidad.

Capítulo 4

La economía de la IA

Desde la aparición de ChatGPT hemos presenciado un aluvión de predicciones, muchas de ellas apocalípticas, que aseguran que la IA eliminará una cantidad innumerable de puestos de trabajo. Algunas de estas predicciones toman un cariz más optimista y vislumbran una era de prosperidad para la humanidad, finalmente liberada de la esclavitud del trabajo. Sin embargo, la mayoría son pesimistas, argumentando que todos seremos reemplazados por robots o código, y que solo las grandes tecnológicas capturarán el valor generado.

Incluso las consultoras que han conducido estudios sobre el posible impacto de la IA generativa nos aseguraban que afectaría a cerca del 70 % de los empleos, con un crecimiento importante del PIB. Goldman Sachs predecía un crecimiento del 7 % durante la próxima década, McKinsey Global Institute era más moderado, prediciendo un incremento entre el 3 % y el 4 % hasta el 2040.

Otra aproximación al problema se ha materializado en el impacto en tareas concretas y, a partir de allí, tener una mejor visión de sus consecuencias a nivel global. Autores como Erik Brynjolfsson, Danielle Li y Lindsey Raymond* han investigado sobre cuál podría ser la repercusión en las tareas de servicio al cliente, mientras que otros, como Sha-

* *Generative AI at work,* https://arxiv.org/abs/2304.11771

kked Noy y Whitney Zhang*, se han centrado en labores más elementales como la redacción de textos. En su conjunto, ambas líneas de estudio indican una reducción de costes en el factor trabajo de alrededor del 27 %, lo que supone una reducción global de un 14,4 %.

Dicen que predecir el futuro es siempre difícil y arriesgado, y este caso no es una excepción. En el caso de la IA generativa lo es todavía más porque, aun cuando intuimos sus posibilidades, desconocemos dos elementos sumamente importantes:

→ **Los límites**: parece claro que todavía no hemos alcanzado estas fronteras y que no estamos especialmente cerca. Así pues, debemos esperar mejoras tangibles a corto plazo.

→ **Las futuras innovaciones** que se generarán a partir de los nuevos usos de esta tecnología y en áreas adyacentes. Es el caso de los chips, ya que tarde o temprano tendremos su traslado —al menos parcialmente— a *hardware*, lo que supondrá una reducción de costes y un aumento de las prestaciones y la capacidad de llevar la innovación en el bolsillo e incorporarla a casi todo (incluidos el televisor, el microondas o la nevera).

Más que intentar adivinar el futuro —un propósito siempre difícil, arriesgado y expuesto al fracaso más estrepitoso—, sería interesante disponer de un modelo para entender el presente. Dado un estado concreto de la tecnología, sería útil para hacer un razonamiento informado de cuál puede ser su impacto en nuestra organización y, sobre todo, por dónde empezar. Ello nos ayudará a competir mejor y

* https://economics.mit.edu/sites/default/files/inline-files/Noy_Zhang_1_0.pdf

decidir dónde situarnos en la frontera tecnológica, situándonos en una posición que tenga sentido desde un punto de vista económico para nuestra organización. Porque, de hecho, no se trata de estar a la última, sino de competir mejor, de tener una organización más ágil y más resiliente donde nuestros colaboradores puedan desarrollar la mejor versión de ellos mismos.

Automatizar vs. aumentar

Como hemos visto a lo largo de las últimas páginas, son dos son los mecanismos básicos de esta transformación:

- → La automatización de las tareas.
- → La capacidad de aumentar nuestras competencias usando la IA generativa como herramienta.

Estos dos mecanismos tienen, como veremos, un impacto muy diferente en términos de productividad, escalabilidad y estructura organizativa.

Automatizar implica la sustitución del factor humano por robots o código en una tarea. Obviamente, el multiplicador en términos de productividad puede ser enorme. Todo dependerá del coste marginal de la realización de esa tarea por parte del robot o código. Normalmente ese coste marginal va a ser decreciente (al menos a largo plazo), por lo que ese multiplicador irá aumentando con el paso del tiempo.

En términos de incremento de productividad, este es el caso más notable. Pero la automatización no es un proceso neutro a nivel organizativo. Requiere de una completa reorganización de las tareas y de su coordinación, que normalmente será trasladada a sistemas automáticos con todo lo que esto conlleva para los grupos humanos que intervienen en el proceso.

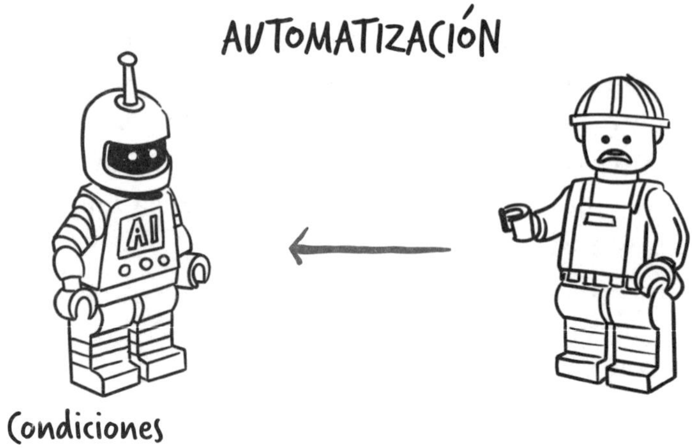

- Diferencia de costes muy alta entre humanos y robots
- Costo marginal decreciente o al menos no creciente y escalable
- Inversión asequible

Fig. 8

Sin embargo, para que esta automatización sea factible debe darse una serie de condiciones, más allá de un desarrollo tecnológico suficientemente sofisticado que asegure una correcta realización con unos niveles de eficacia y calidad equiparables o mejores que los del equipo humano.

La primera condición es que sea económica y técnicamente viable. El coste de instalación no solo tiene que ser asumible y su amortización rentable, sino que también el coste de operación tiene que estar por debajo del coste del equipo humano y ser igualmente asumible. Esto, que a primera vista puede parecer obvio, no lo es tanto.

Veamos ahora, por ejemplo, el caso de los robotaxis o del propio Uber. Los robotaxis, como los que usa Waymo (proyecto de Google con robotaxis en funcionamiento en San Francisco, Los Ángeles, Austin, Phoenix y próximamente Florida) o Apollo (el equivalente de Baidu operando en Wuhan con quinientos robotaxis a nivel comercial) tienen un coste alto, muy superior a la inversión que Uber aporta a sus conductores. Podemos imaginar que su coste de operación será mucho más bajo y esto tiene algunos elementos de verdad. Pero imaginemos el coste de operación para Uber o Lyft de una carrera realizada por uno de sus conductores de la que obtiene un porcentaje neto. Es difícil de batir, sin duda, puesto que el precio de esa carrera en ambos servicios es similar (de hecho, el precio de Apollo es la mitad que el equivalente de un taxista de Wuhan). Como vemos, la rentabilidad económica en este caso es más una apuesta a largo plazo, donde se invierte para conseguir una parte importante del mercado, con la esperanza de que no haya nuevos competidores y que el desarrollo tecnológico sea lo bastante rápido como para hacerlo viable y muy rentable. Obviamente, todos estos supuestos pueden resultar equivocados.

La segunda condición son unos costes marginales inferiores a los de los equipos humanos y decrecientes en el tiempo o, al menos, estables. Esta asunción (aunque normalmente cierta en el largo plazo) no tiene por qué serlo en el corto o en el plazo en el que se sitúa nuestro proyecto. Es factible que la nueva tecnología haya que adquirirla sustituyendo a otra que o bien aún no hemos sido capaces de amortizar, o bien que sus costes sean muy altos. Este es el caso de la IA generativa con costes de operación todavía muy altos, que hacen imposibles los modelos de negocio basados en publicidad, obligando a modelos de suscripción y ni aun así pueden asegurar rentabilidades elevadas.

Con toda probabilidad, los avances —tanto en *hardware* como en *software*— bajarán enormemente los costes. Pero nada de esto sucederá mañana y su implementación va a implicar la sustitución de un *hardware* de difícil amortización, dada la rapidez de la evolución tecnológica.

Esto obliga a subvenciones cruzadas en los negocios y a apuestas importantes en aras de conseguir una parte sustancial del mercado, lo que permitirá, desde esa posición casi monopolística, hacer evolucionar los precios a zonas de rentabilidad positiva. Correremos el riesgo, eso sí, de que nuevos competidores sin rémoras del pasado nos adelanten y destruyan nuestra posición. Muy a menudo el primero en entrar no es el ganador, y este ha sido el caso de casi todas las plataformas en la era digital. Ni Google fue el primer buscador, ni Facebook la primera red social, ni WhatsApp la primera aplicación de mensajería.

Este diferencial en el coste marginal determinará la escalabilidad de la propuesta. Un diferencial grande (creciente en escala) nos asegura un mercado en forma de *winner-takes-it-all* donde a partir de una posición casi monopolística obtendremos rendimientos importantes con costes muy bajos. Un diferencial bajo, en cambio, traerá consigo competidores provenientes de mercados con costes bajos: un océano rojo de alta intensidad competitiva.

Hay un último elemento que tener en cuenta: la pérdida de talento que supone la automatización y, por lo tanto, de flexibilidad en el proceso.

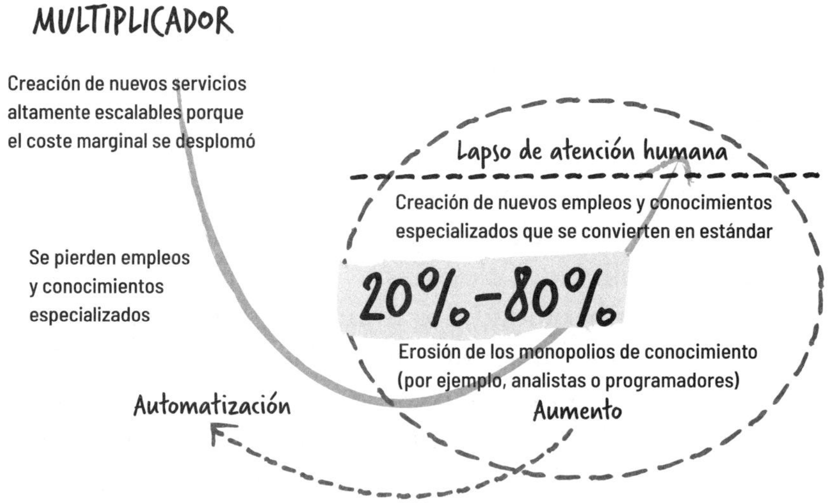

Fig. 9

¿Alguien recuerda cómo se hacían las raíces cuadradas? ¡Nadie! Una vez que una tarea se automatiza, desaparece del horizonte de las capacidades humanas. Ni se enseña ni se aprende: es algo que hacen las máquinas o los programas. Este es un fenómeno bien conocido. **Todo proceso de automatización conlleva esa pérdida de conocimiento y el desplazamiento del talento a otras áreas de actividad.**

Aumentar

Aumentar es la otra cara de la moneda, quizás la más frecuente. En este caso, **la tecnología no automatiza una tarea, sino que aumenta nuestras capacidades y nos permite realizarla mejor y más rápido**. Esta amplificación de nuestras capacidades es común en los productos digitales: es lo que conseguimos con los ordenadores, las hojas de cálculo, los buscadores de internet, etc.

También aquí hablaríamos de automatización de microtareas que se insertan en el proceso como, por ejemplo, la corrección ortográfica o en la IA generativa. También se pueden automatizar tareas no tan micro, como la traducción de textos, la corrección de estilo o, directamente, la generación de una primera versión del código de un programa.

Pero a diferencia del caso anterior, aquí el multiplicador tiene un límite muy claro: la capacidad de atención humana. Aunque el correo electrónico lo haya hecho un *copilot* de IA generativa, no lo enviaremos sin verlo y tampoco publicaremos un texto corregido con IA sin comprobar la revisión. Todo ello crea un límite en el multiplicador y en nuestra capacidad de atención, que, al igual que nuestro tiempo, es limitado para todos los humanos. ¡Solo tenemos veinticuatro horas al día!

Este proceso no solo aumenta nuestra capacidad, sino que redefine las tareas y nuestras competencias. Ya no se trata de saber programar, sino de saber programar con la asistencia de *copilots* de una manera eficaz. No es un proceso nuevo, recordemos lo que pasó con las hojas de cálculo y las finanzas. Trabajar en el sector financiero implica hacer finanzas con hojas de cálculo, lo que va más allá de simplemente conocerlas. O pensemos en un bróker, que hoy en día es alguien que no solo conoce el mercado, sino que *maneja* los terminales de Bloomberg. **No podemos separar las competencias de las herramientas, ya que sin ellas estas carecen de aplicabilidad y sentido. Las competencias se definen a partir de la tecnología disponible y su capacidad de aumentar nuestras capacidades.**

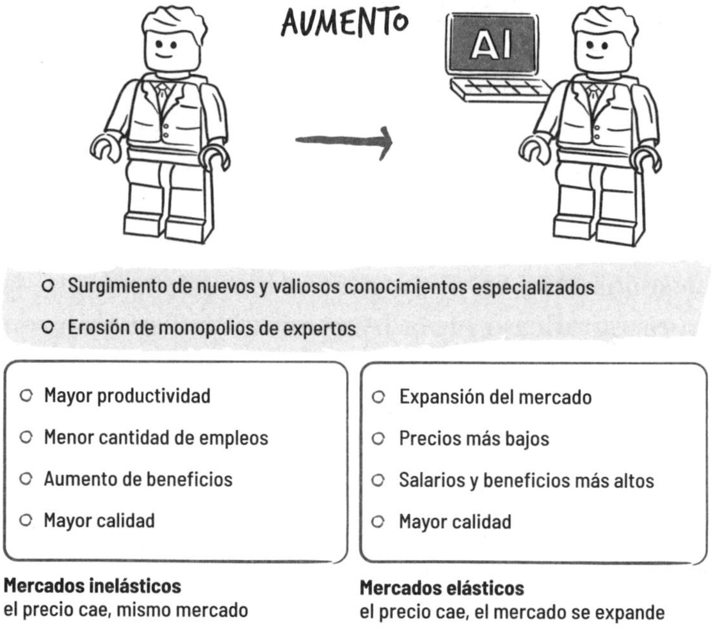

Fig. 10

Al aumentar nuestras capacidades, también trasladamos parte de nuestras competencias a código. Al hacerlo, todo aquello cuyo valor se definía a partir de esa competencia, desaparece. Antes de que existiesen los ERP en contabilidad, la habilidad de hacer largas sumas con precisión era algo básico para un contable; algo que requería de un adiestramiento concienzudo. Sin embargo, al aparecer los aplicativos contables, el valor de esta habilidad desapareció. Este es un efecto común de todos los procesos donde una tecnología aumenta nuestras capacidades y nos permite hacer no solo más cosas, sino cosas diferentes. Estos contables, que hacían largas sumas en el diario y las pasaban al mayor, de repente se convirtieron (o se vieron suplantados) por avezados profesionales financieros que realizaban intrincados modelos con hojas de cálculo como Visicalc, Lotus 1-2-3 o Symphony.

Es interesante preguntarse quién va a sacar más partido de este proceso de aumentar nuestras capacidades. ¿Serán los expertos en IA generativa?

De nuevo, mirar al pasado nos puede ayudar, y es que se trata de un mecanismo conocido. ¿Quiénes sacaron más partido de las hojas de cálculo? ¿Los informáticos, los expertos en hojas de cálculo...? ¡No! Fueron los expertos en un dominio concreto, los profesionales en finanzas, los expertos en *marketing*, en compras... Todos ellos fueron los que sacaron mayor partido de estas herramientas, y estos son los que sacan mayor partido, valga la redundancia, de la capacidad de aumentar de la IA generativa.

Una última reflexión sobre esta cuestión. El proceso de aumentar nuestras capacidades no es estático, se construye a partir de procesos de microautomatización como la traducción o la corrección de textos. Estos trámites evolucionan y, poco a poco, son capaces de microautomatizaciones cada vez mayores que cubren un espacio más amplio de tareas. Al hacerlo, cruzamos, al menos en parte, la barrera que separa aumentar de automatizar. Y una vez que se ha cruzado, se modifican los multiplicadores al incrementarse —y cambiar— también las tareas de la organización, lo que acaba redefiniéndola por completo.

Los mercados y su elasticidad

Hasta ahora hemos examinado el impacto de automatizar y aumentar nuestras capacidades con independencia de los mercados, como si estas nuevas capacidades no tuviesen impacto alguno en ellos.

Esto, por supuesto, no es real. Imaginemos dos supuestos:

- → Mercados elásticos, es decir, donde un incremento o disminución del precio incidiría directamente sobre la demanda del bien o del servicio.

- → Mercados inelásticos, donde la demanda no se vería muy afectada con un incremento o disminución del precio.

Veamos, en primer lugar, el caso de la automatización. Si el mercado es elástico, la automatización nos permitirá bajar precios y ganar cuota de mercado. Ello a su vez creará amplios incentivos para profundizar en la automatización y, al menos durante el tiempo hasta el que se llegue a la frontera tecnológica en el campo, redundará en una automatización mayor.

El efecto en el trabajo más inmediato se centrará en la bajada de salarios en ese campo con la amenaza constante y real de desaparición y su reemplazo por el sistema automatizado. También en la erosión de los monopolios de conocimiento del área que garantizaban esa exclusividad en el trabajo debido a la extinción de la necesidad de esas competencias.

Un ejemplo claro de la extinción de los monopolios de conocimiento ha sido el caso de Google Maps en relación con los taxistas. Los taxistas de Londres pasaban años estudiando la ciudad para poder encontrar con rapidez la mejor ruta entre dos puntos. Obtener la licencia significa, en definitiva, pasar un riguroso examen. Google Maps destruyó entonces el valor de esa competencia tan relevante. Cualquier conductor con un *smartphone* puede encontrar la mejor ruta, con el menor tráfico, y calcular con mucha precisión la hora de llegada.

Si esta automatización supone una disminución de precios importante, hasta el punto de que puede cambiar la demanda de una forma significativa, nos encontraremos con que la forma del mercado mutará y este se convertirá en una forma de *winner-takes-it-all*.

Otro ejemplo de este cambio lo tenemos en Amazon. Amazon no ha automatizado toda su actividad; no es una empresa digital, mueve cajas, ¡muchas cajas! Pero una parte importante de su actividad sí está digitalizada. Sus tiendas son webs, los pedidos los hace el cliente en la red e incluso una parte de la recogida involucra al propio cliente. En todo aquello que está automatizado, nos encontraremos con costes marginales muy bajos. De hecho, son cercanos a cero. El coste de atender al próximo cliente o de hacer el próximo pedido, en lo que está automatizado y es digital, es muy bajo. No solo eso, sino que decrece en escala y en el tiempo, ya que los costes de ejecución del *software* son decrecientes debido a las incesantes mejoras tecnológicas.

Esto ha transformado el servicio, pero también el mercado. Siguen existiendo las tiendas, claro, pero Amazon ha penetrado de una forma disruptiva en el sector, copando no solo cuotas importantes de mercado, sino mercados enteros. Así, si dibujamos la forma del mercado no vamos a encontrar la típica forma acampanada sino un dibujo de *winner-takes-it-all*, de larga cola, donde Amazon y unos pocos copan la mayor parte del mercado y muchos forman una larguísima cola con cuotas de mercado muy bajas. Empresas como Amazon o Baidu (el Google chino) han transformado las reglas del juego y el mercado en sí.

El caso de la automatización en mercados elásticos con diferenciales de coste importantes es donde encontraremos las innovaciones más disruptivas, capaces de transformar mercados y nuestra forma de vivir.

Este podría, por ejemplo, ser el caso de los robotaxis —si lograsen reducir costes de operación (incluyendo la amortización del vehículo) a un nivel lo bastante bajo. Si esto fuese así, cambiaría radicalmente nuestra forma de entender la movilidad y nuestras ciudades.

Ahora bien, ¿qué pasa cuando los mercados no son elásticos? ¿Qué sucede si, aunque seamos capaces de bajar precios, la demanda permanece estable? Podría parecer que este es un supuesto poco realista, pero no es así. Imaginemos los análisis clínicos, las cuentas bancarias o las tarjetas de crédito. Habrá un cierto incremento, sin duda, pero poco más.

Las reducciones de coste provenientes de la automatización no van a suponer un crecimiento del mercado, por lo que los incentivos a progresar en esa automatización van a ser menores o inexistentes. Habrá una reducción de costes de operación, pero una vez esta llegue a su límite, allí se acabarán los incentivos.

Asistiremos a una reducción en el empleo, probablemente menor de la que en un principio podemos esperar, porque siempre tendemos a pensar que todos los puestos de trabajo serán sustituidos. Pero, aunque este fuese el caso, se acabaría perdiendo en flexibilidad, por lo que, aunque muchos empleos serán sustituidos, no será el caso de todos. Esta sustitución, si no viene acompañada de una mayor cuota de mercado, tiende a ralentizarse.

Veremos también cómo los sueldos del área se reducen debido a que las capacidades de los profesionales del área son menos relevantes. Esta reducción será notable al inicio, cuando haya un exceso de oferta. Con el tiempo, sin embargo, cuando se alcance un equilibrio, se irá manteniendo hasta alcanzar un nuevo punto de estabilidad.

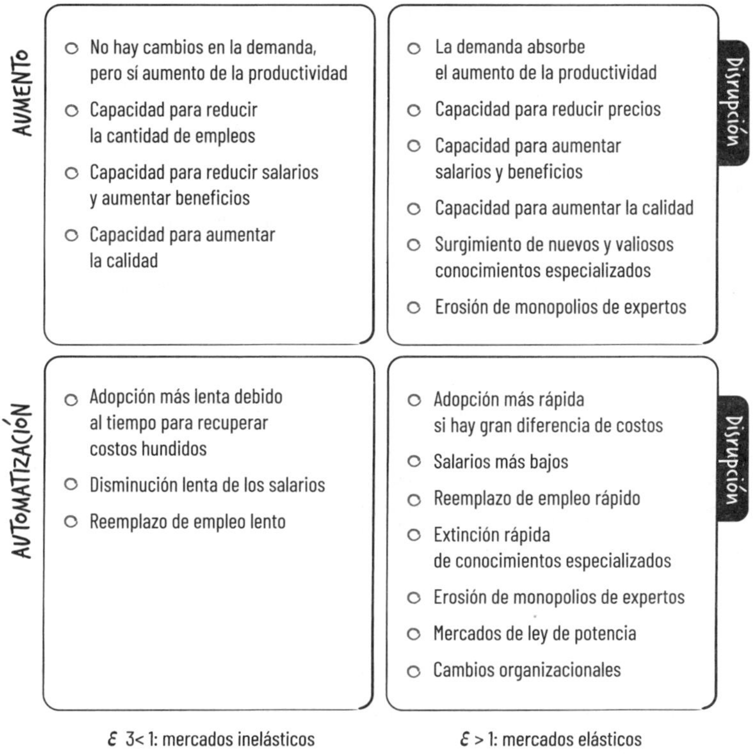

Fig. 11

También observaremos cómo las competencias se transforman, poniendo el acento en aquellas cosas que aún no han podido ser automatizadas, en los casos excepcionales y en su tratamiento al desaparecer las competencias anteriores.

Finalmente, la velocidad de adopción será menor: no habrá grandes apuestas porque el tiempo necesario para recuperar la inversión será largo y competir para ganar cuota de mercado no tiene sentido. Aquí el tamaño del mercado no cambia notablemente. Al comienzo habrá un cierto *rally* entre los competidores existentes, pero esta intensidad competitiva se desacelerará al tiempo que se llegue a un nuevo punto de equilibrio.

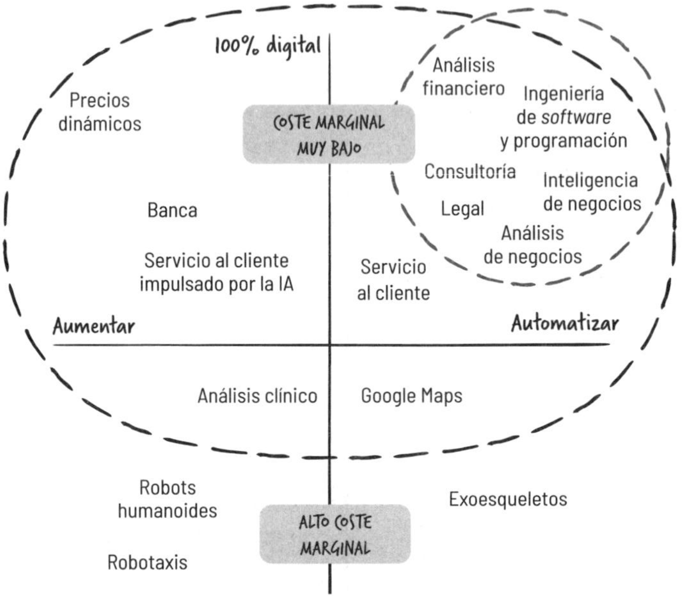

Fig. 12

Examinemos qué sucede cuando usamos la IA generativa, o cualquier otra tecnología, para aumentar nuestras capacidades y las de nuestros equipos. Veamos primero el caso de una demanda inelástica, es decir, que no reacciona a un aumento o disminución del precio.

Pensaréis que este es un caso poco frecuente, pero no lo es. Ocurre en las consultoras de alto nivel —como McKinsey o BCG—, cuyos clientes en la práctica se restringen a grandes empresas nacionales o multinacionales. También de las empresas de servicios de alto valor añadido como desarrollo de *software* y tantas otras. Todas ellas tienen una demanda restringida a unas pocas empresas que no variará ostensiblemente con reducciones de precio.

En estos casos, la inclusión de una nueva tecnología como la IA generativa conllevará un incremento de la calidad y una reducción de tiempo, es decir, menores costes y mayor calidad, pero no tendrá efectos significativos sobre la demanda, ya que esta es inelástica. Así pues, veremos reducciones en el *empleo*, especialmente en aquellas tareas que puedan ser aumentadas o automatizadas por la IA generativa como, por ejemplo, el análisis de datos *(business analytics)*. Probablemente esta reducción se centra más en una menor contratación que una reducción del empleo ya existente. Nos encontraremos entonces en una redistribución de las tareas y de la percepción del valor que estas crean para la empresa. Esta situación nos conducirá a un nuevo equilibrio donde las tareas que sean aumentadas o microautomatizadas pasarán a ser ejecutadas por menos personas y se percibirán de menos valor. Una vez llegada a esa situación de equilibrio, este sostén se mantendrá hasta que aparezcan nuevos avances tecnológicos que lo modifiquen de nuevo.

Un caso mucho más interesante es el de los mercados elásticos, donde una variación de precio implica una variación en la demanda. Lo es porque, en este caso, la revolución tecnológica se usa para competir, modificar la estructura del mercado, los actores y sus cuotas de mercado.

En estos sectores el incremento de productividad y calidad se usará para crear propuestas de valor capaces de incrementar la demanda y hacer surgir nuevos productos o servicios creando nuevo valor. Es el caso de los CRM (gestión o administración de relaciones con el cliente) aumentados con IA generativa y de su uso en la redacción de textos o en el análisis de datos. El incremento de productividad se trasladará a una mayor capacidad de competir, por lo que veremos no ya una disminución del *headcount*, sino probablemente un aumento. Las competencias se modificarán incluyendo el uso de las nuevas herramientas, que pasarán a formar parte de la nueva base competencial y darán lugar incluso a nuevas profesiones y especialidades. Posiciones como *prompt engineer* o especialidades como RAGs (inclusión de datos externos) o *fine tuning* de LLMs (reentreno para tareas especializadas) son un ejemplo de todo ello. Al tiempo, antiguos monopolios competenciales como, por ejemplo, Business Analytics, perderán su valor y se orientarán más hacia la aplicación, el conocimiento de dominio como *marketing* o finanzas y menos hacia el conocimiento de las técnicas de *machine learning*. Todo ello derivará en la erosión de esta base de competencias y la transformará en parte del conocimiento de dominio.

Esto ya lo hemos vivido. ¿Os acordáis cuando el *marketing* digital era algo muy diferente al *marketing*? Sí, ese tiempo pasó y ahora el *marketing* digital es simplemente *marketing*. Esta incorporación del mundo digital al dominio mediante el aumento de capacidades es exactamente el mismo proceso que iremos viendo con la IA generativa. La mayor facilidad de uso proporcionada por la IA generativa trasladará a código la mecánica, dejando el análisis, la interpretación y el planteamiento del problema como los actores protagonistas, algo que pertenece indiscutiblemente a las competencias de dominio y no a las transversales.

Si volvemos a fijarnos en el cuadrante anterior, podemos ver cómo el impacto del aumento en mercados elásticos es mayor en la transformación interna de la organización y menor en cuanto a sus implicaciones a nivel de mercados y competitividad. Pero no por ello no es significativo e importante en la vida de las personas, que deberán reinventarse.

En resumen, **el impacto en los diferentes mercados viene determinado por la elasticidad de estos, por su plasticidad en el cambio.** A nivel de tecnología, se verá determinado por su capacidad para crear nuevas propuestas de valor y nuevos mercados.

La disrupción externa proviene, fundamentalmente, de la automatización. La capacidad de trasladar a código tareas antes realizadas por humanos a un coste cercano a cero cambia mercados y sociedades por completo. Pero la capacidad organizativa procede del aumento de capacidades que redefine competencias y tareas, siempre ligadas a una tecnología en concreto.

Estas son las dos palancas del cambio, por lo que todo análisis económico del impacto de una disrupción debe empezar analizando estas variables. ¿Qué se va a automatizar? ¿Cómo el proceso de aumento de capacidades redefine las competencias? ¿Qué va a aportar a nivel de competitividad esta redefinición? Estas son las tres preguntas clave y al contestarlas despejaremos la incógnita del impacto económico de la disrupción en nuestra área y organización.

¿Qué sectores adoptarán primero y por qué?

Más allá de los *pilots* en los que todas las principales empresas top se afanan con el objetivo de aprender y conocer los límites de la tecnología, hay dos vectores que guían la adopción:

1. El primero es el **impacto.** ¿Qué impacto nos permitirá alcanzar esta tecnología? ¿Podremos conseguir ser el nuevo Amazon o el nuevo Google? El razonamiento es simple: esta tecnología puede permitir cambiar el coste marginal de lo cognitivo, reduciéndolo con el tiempo a prácticamente cero. Ello podría crear nuevos monopolios naturales que desbancasen del mercado sectores enteros y gigantes empresariales. Nadie está dispuesto a asumir el enorme riesgo que supondría quedar descolgado y, en último término, fuera del tablero. Todos somos conscientes de que la IA generativa no es el nuevo .com, el nivel de conocimientos y las dificultades de implementación no son las de una web en *JavaScript.* El nivel técnico y la dificultad de implementación de la IA generativa se sitúan a otro nivel y el aprendizaje no va a ser fácil, porque no olvidemos que apenas estamos en sus inicios.

2. El segundo vector es la **importancia que esta transformación pueda tener para nuestra organización.** Ninguna tecnología es completamente genérica. Habrá organizaciones a las que no les afecte en nada, por ejemplo, organizaciones tradicionales que fabrican productos físicos; mientras que, para otras, la totalidad de su negocio puede verse afectado. Este será el caso de las organizaciones que trabajan con información (banca, seguros, educación, sanidad y tantas otras) y también el sector público, aunque este tiene frenos estructurales que, en muchos casos, lo aíslan de todo cambio para desgracia de los ciudadanos. De forma evidente, los incentivos y, por tanto, el interés de las organizaciones, será muy diferente si esta tecnología puede afectarte de pleno o si te va a afectar, como mucho, de forma marginal.

Obviamente, en temas de impacto, lo digital (sobre todo lo puramente digital que requiera unos procesos cognitivos más avanzados) primará, porque es allí donde podremos encontrar costes marginales muy bajos a escala debido a los avances tecnológicos. Por lo tanto, podemos aplicar potentes modelos de negocio, impensables hasta ahora, que pueden hasta cambiar la forma del mercado hacia tipologías *winner-takes-it-all.*

De todas formas, no va a ser solo lo puramente digital. También hay temas no digitales que o bien permiten niveles de automatización muy altos, o bien de los que se ha digitalizado una parte relevante del proceso, derivando la parte manual al usuario. Los análisis clínicos son un buen ejemplo del primer caso, donde se ha automatizado la totalidad del proceso, una situación común en dispositivos médicos. En el segundo caso se desdobla la tarea, de manera que la parte no digitalizada sea a cargo del propio usuario, permitiendo altísimos niveles de escalabilidad. Esto es algo constante y omnipresente, y lo encontramos en Google

Maps, los robotaxis o en el *self-checking* en la cola del supermercado. El objetivo es la reducción de los costes de la parte física hasta el punto de que resulten muy bajos o escalen de forma sublineal si la tarea no puede traspasarse íntegramente a los usuarios.

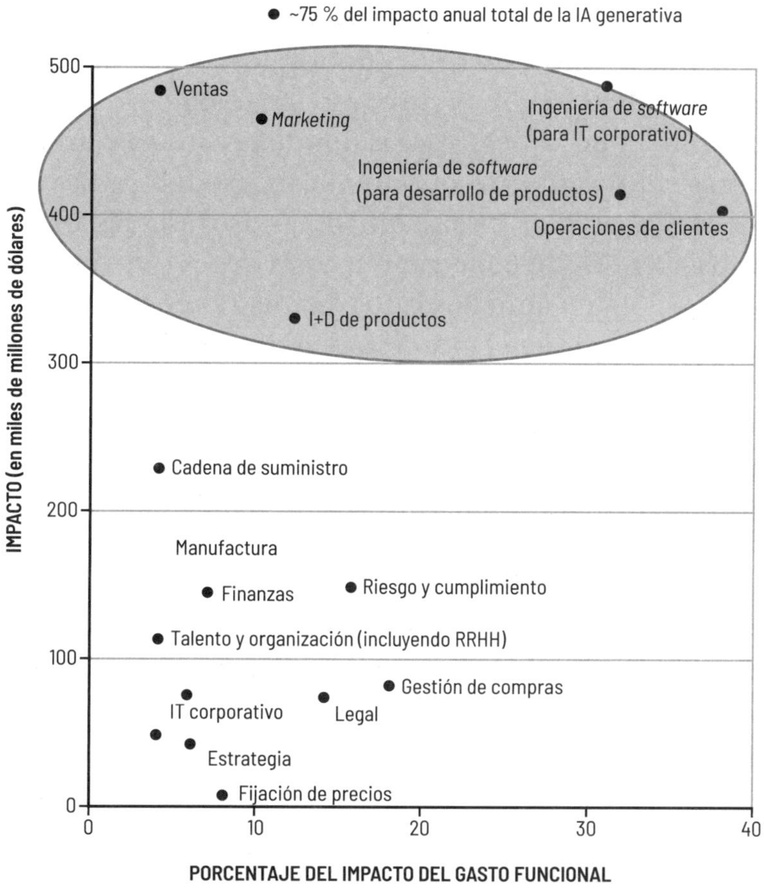

Fig. 13

El siguiente eje es el continuo entre la automatización y el aumento de las capacidades humanas. La automatización de tareas, donde el coste marginal puede reducirse ampliamente en escala, es el Santo Grial. Al mismo tiempo, es donde hay más riesgo debido a la falta de control humano, por lo que de manera habitual tarda en aparecer y surge primero en áreas de bajo riesgo, como los sistemas de recomendación de películas en las diferentes plataformas. Los primeros sectores donde ya hemos visto aparecer la adopción de la IA generativa es en aumentar las capacidades, copilots en programación, consultoría, CRMs, en temas legales... todos aquellos en los que la decisión permanece en manos humanas y se trata de manejo informativo, es decir, donde los costes marginales tienden a reducirse con el progreso tecnológico.

En cambio, en aquellas áreas donde los costes marginales son altos sobre todo las que implican productos físicos de alta tecnología, con tareas difícilmente trasladables a los usuarios— es donde encontraremos mayores dificultades de adopción. Solo en aquellos casos de una potencial adopción masiva que justifique el gran esfuerzo necesario para el diseño de elementos con costes marginales bajos, veremos aparecer proyectos piloto. Este es el caso de los robotaxis, donde algunas empresas chinas están ya diseñando prototipos de bajo coste, incluso por debajo del de un coche normal.

El siguiente vector de desarrollo que observaremos es donde la ratio entre el impacto y el porcentaje de la tecnología sobre el gasto en el área sea especialmente favorable. En otras palabras, donde la inversión tenga sentido económico. Esta ratio favorable puede venir dada o bien por un impacto importante, o bien por el impacto como porcentaje sobre el gasto. En este sentido, buscaremos situarnos donde ambos sean mayores.

Es el caso del desarrollo de *software,* el *marketing,* la relación con los clientes y las ventas. Así pues, podemos observar cómo en estas áreas podremos obtener no solo el mayor impacto en términos absolutos, sino también en términos relativos, en relación con el gasto en el área. Estos sectores, por ejemplo, representan el 75 % de la inversión actual en proyectos de IA generativa.

Probablemente, el cambio más consolidado —donde la inversión tiene todo el sentido del mundo y donde ya se ha convertido en el estándar— es el desarrollo de *software,* que hoy en día se hace en su mayoría con la asistencia de *copilots* y con una automatización progresiva en la traducción y puesta al día del código corporativo. Ya caben pocas dudas de que la IA generativa supondrá un antes y un después en la generación de código y cambiará radicalmente la profesión.

Fig. 14

Pero la gran promesa es la automatización de las relaciones con los clientes. Pocas tareas son más universales que esta, pocos cometidos suponen un porcentaje más amplio de la organización que esta. La promesa de la IA generativa no es solo que pueda resolver con éxito la mayor parte de consultas de los clientes, sino que va a ser capaz de persuadir y convencer a los clientes mejor que los propios humanos y, por lo tanto, incrementar las ventas. Su uso actual se centra más en el soporte a *customer-centers* y equipos de *marketing* y ventas, pero lo más probable evolucionará con rapidez, en especial en aquellas áreas de bajo riesgo.

Como podéis imaginar, esta es un área que cambia a medida que la tecnología evoluciona. Sectores como la consultoría, los departamentos legales, los recursos humanos e, incluso, los análisis financieros están hoy en día en el punto de mira de muchas organizaciones, y las organizaciones líderes disponen de productos en explotación.

Quizá el más conocido es Lilly, de McKinsey, que da soporte a los consultores de la organización alrededor del mundo, aplicando las experiencias de la consultora en cualquier parte del globo a los problemas que se le plantean.

Pero también Harvey, una empresa líder en el uso de la IA en cuestiones legales, ha desarrollado un producto para el ámbito legal que promete no solo automatizar una gran parte de las tareas, sino ayudar a persuadir mejor a los jueces, a partir de su conocimiento de las resoluciones previas.

Incluso el área de análisis financiero de M&A (fusiones y adquisiciones), donde los análisis ocupan gran parte del tiempo de los *juniors,* se está viendo afectada de pleno.

Modelos mejores y más capaces cambiarán el potencial y el atractivo de esta tecnología, abrirán nuevas oportunidades y desbloquearán inversiones. Y es que estamos solo en el inicio. Para cualquier empresa, la clave se sitúa en una correcta evaluación de las posibilidades existentes que les permitan aprovechar las oportunidades con éxito y, sobre todo, no quedarse descolgados de la revolución de la IA generativa.

La economía de las empresas que crean la IA

Hasta ahora hemos discutido ampliamente la economía de las empresas que usan la IA. Sin duda es importante, pero también lo es entender los diferentes modelos económicos de las empresas que la crean.

Una analogía común para explicar estos modelos es la fiebre del oro de California. Tres fueron los actores principales de la fiebre del oro:

→ Los buscadores de oro.

→ Los que hacen las joyas y los lingotes subproductos del oro.

→ Los que suministran equipos a ambos.

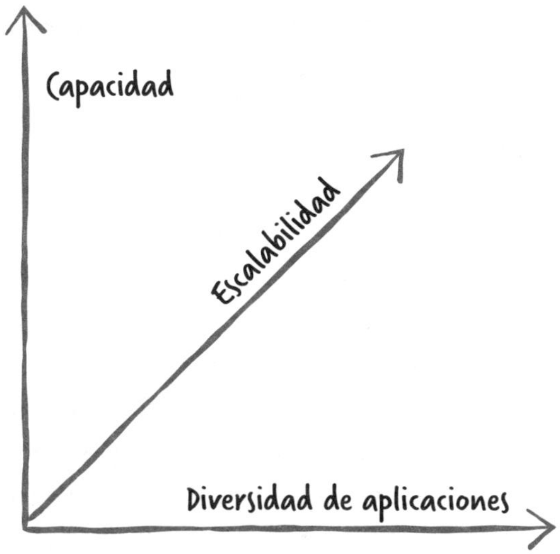

Figura 15. La fiebre del oro de la IA

Esta es una analogía muy básica pero explicativa del papel de los principales tipos de agentes de cualquier disrupción, y en particular de la IA generativa.

Los buscadores de oro son las empresas como OpenAI, Anthropic, Google y Meta. Todas presentan diferencias entre sí, pero también muchas cosas en común, como el enorme esfuerzo en recursos, tiempo y talento, tal y como hicieron los antiguos buscadores de oro. Muchos caerán en el camino, pero aquellos que consigan encontrar oro se harán ricos.

Los joyeros no precisan del mismo nivel de esfuerzo, pero tampoco obtienen la misma recompensa. Son los que hacen *apps* usando el oro encontrado por los buscadores. Algunas de ellas serán *apps* de nicho, otras serán más amplias. En algunos casos, serán incluso los propios buscadores los que también hagan estas *apps*, más o menos refinadas. Sin embargo, si una joya en particular se hace popular, puede conseguir amplias ganancias, ya que están cerca de los consumidores y conocen mejor sus gustos y pueden profundizar y alimentar las tendencias de mercado, convirtiéndolas en modas o incluso en auténticas burbujas. Por ello, son las joyas o los lingotes los que finalmente darán valor al oro.

Por último están los que venden las herramientas. El aspecto principal es la capacidad de monopolizar la fabricación de dichos utensilios. Si se trata de un diseño muy especializado que se puede monopolizar entonces tendremos fenómenos como NVIDIA, encargados de fabricar los chips utilizados para la IA generativa, con incrementos inusitados de valor. Las herramientas se venden tanto a los buscadores como a los transformadores. **El grado de especialización determina la concentración del mercado y, por lo tanto, su crecimiento.** Su éxito durará lo que dure la fiebre del oro o, más bien, hasta que los competidores no sean capaces de hacer herramientas iguales o mejores.

Como en el caso de la fiebre del oro, este tipo de economía será sostenible en la medida en que el *hype loop* funcione. Si se desvanece o reduce su intensidad, se acabará la fiebre del oro y volveremos a la normalidad. Ahora bien, mientras el *hype loop* se sostenga, tendremos esta situación anómala que nos llevará a valoraciones estratosféricas. La fiebre del oro desarrollará nuevos mercados que, a su vez, tienen la capacidad de transformar al resto de industrias. En nuestro caso (ya sea a través de la automatización o aumentando nuestras capacidades) se redefinirán nuestras competencias, nuestras organizaciones, nuestros mercados y la forma en que competimos.

Capítulo 5

Cuando todo cambia

You can see the computer age everywhere but in the productivity statistics.

ROBERT SOLOW

Uno de los grandes misterios de las disrupciones ha sido su impacto en la productividad. Os preguntaréis: ¿por qué? Y la respuesta os sorprenderá. En la mayoría de los casos no podemos observar cambios en los niveles de productividad después de la disrupción.

De hecho, todos esperamos y anticipamos un aumento importante de la productividad. Con los ordenadores, con internet, con los *smartphones*... todos hacemos más cosas, mejor y más rápido. La productividad debería aumentar, ¿no?

Bien, ahí radica el primer conflicto. La definición intuitiva de productividad no coincide con la económica. Perceptiblemente las personas pensamos en un incremento de productividad cuando podemos hacer más cosas y mejor. Pero desde un punto de vista económico esta se define como la relación entre el coste de los inputs (o entrada) con los beneficios obtenidos por los *outputs* (salida).

En definitiva, si dedicas menos tiempo, mejoras la calidad y obtienes los mismos ingresos, el incremento de productividad se debe a la reducción de tiempo. Sin embargo, si ese menor tiempo se compensa generando más y mejores resultados por los que obtienes el mismo valor, no habrá incremento de productividad.

Por ejemplo, el contable que antes de instalar una aplicación de contabilidad hacía el diario, el mayor, el balance y la cuenta de pérdidas y ganancias sumando a mano, vio cómo al utilizar una aplicación de contabilidad su trabajó evolucionó. También su labor se sofisticó muchísimo, debiendo crear todo un conjunto de estados financieros y análisis hasta entonces inimaginable. Pero el valor que obtenía por ese trabajo era el mismo o muy parecido, es decir, desde el punto de vista económico no hubo un incremento de productividad, a pesar de que la sofisticación y la calidad de su trabajo había variado muchísimo. Eso sí, sin aumentar ni el coste ni los recursos necesarios en tiempo y trabajo humano necesarios para obtener esos resultados. Como apuntaba Solow en la cita que abre este capítulo, ese incremento de productividad que todos percibimos no se reflejaba en las estadísticas.

¿Cuáles son las razones de esta aparente paradoja? Algunas se refieren a nuestra forma de medir la productividad en términos económicos, que no es capaz de capturar todas las características del *output*. Así pues, las diferencias de calidad que no se reflejan en un incremento de valor, no se miden. Incluso productos enteros que se ofrecen de forma gratuita, como, por ejemplo, Google o Google Maps (tremendamente útiles y prácticamente imprescindibles para casi todo, incluida la logística), al ser gratuitos no están ni en el mapa de lo que mide la productividad económica. Pero entre todos estos factores que causan esta paradoja, hay uno que es especialmente significativo.

Centrémonos en las disrupciones producidas por tecnologías de propósito general (lo que conocemos como GPT, *general purpose technologies* por sus siglas en inglés): los PC, los *smartphones* o internet, entre muchas otras. Todas ellas son adoptadas por la sociedad en general, lo que cambia casi al unísono la manera de trabajar y operar en todos los campos. Por ello es muy difícil que alguien capture más valor que otro, puesto que ambos las han adoptado y refinado.

Si imaginásemos un mapa, con sus llanuras y sus montañas, es todo el mapa el que ha cambiado. Para poder, no ya solo competir, sino funcionar en un mundo donde hay hojas de cálculo y programas de contabilidad, hacer sumas a mano de diarios y pasarlas al mayor, ya no existe. ¡Todo ha cambiado!

Por lo tanto, comparar productividades económicas antes y después del cambio no tiene mucho sentido porque todos los actores han adoptado la nueva tecnología. Es por ello por lo que el valor, la calidad y las características de lo que se puede obtener también han cambiado y, por lo tanto, su valoración económica. Obviamente, tiene mucho más sentido cuando comparamos productividades dentro de un mismo régimen tecnológico, pero no cuando comparamos regímenes diferentes.

Gráficamente, es como si todo el territorio se hubiese elevado y transformado. Aquello que antes era muy importante quizá ha pasado a ser trivial, porque se ha convertido en algo en su totalidad mecanizado. Otras tareas, cuya importancia se veía oscurecida por la dificultad de realizar el producto, ahora (que esta ha prácticamente desaparecido) se han convertido en fundamentales.

No se trata, o no solo, de las tareas, sino también de la *expertise,* el conjunto de conocimientos y habilidades que aportan valor a una determinada tarea, como hemos visto en capítulos anteriores. En definitiva, todo ha cambiado: la definición de *expertise,* las tareas y nuestra propia concepción del valor, calidad y prestaciones del producto o servicio resultante. De hecho, las disrupciones basadas en tecnologías genéricas hacen más que todo eso, y es que redefinen por completo las estructuras organizativas, empresariales, la capacidad de escalar, la estructura de esos mercados y la forma de competir. **Destruyen lo antiguo y crean un mundo nuevo.**

Las tres dimensiones del cambio

Para analizar los cambios en el escenario de posibilidades que abre una disrupción es útil analizarlos partiendo de las diferentes dimensiones que les afectan.

Cualquier disrupción aparece con unos casos de uso iniciales. En el caso de los ordenadores, fueron los procesadores de texto y las hojas de cálculo, aunque también los juegos; en el de internet, las webs, y en los *smartphones*, el sinfín de *apps* que hicieron que sustituyeran rápidamente a las cámaras de fotos, los aparatos de música, etc. La IA generativa ha tenido el ChatGPT como primer caso de uso.

Sin embargo, estos no son otra cosa que casos de uso iniciales. En cualquier tecnología de propósito general observaremos cómo el campo de aplicación se amplía. La primera dimensión es el *scope* en el campo de aplicación de la tecnología. En esta dimensión inicial no necesitamos avances importantes, sino una mayor aplicación.

El mecanismo que moviliza esta dimensión es la innovación en cuanto a su aplicación y mejora en diferentes dominios. Es un mecanismo donde la visualización de posibles aplicaciones y negocios prevalece sobre la mejora tecnológica o científica. Aquí encontraremos mayoritariamente *start-ups* (o empresas emergentes) y entidades ya consolidadas, que usarán modelos de innovación bien conocidos basados en proyectos.

Esta es, sin embargo, una magnitud esencial del cambio, porque abre el escenario de posibilidades y captura capital, talento y proyectos que apoyarán ese cambio y le permitirán capturar valor. Sin embargo, en esta fase, la tecnología que creó la disrupción no desarrollará todo su potencial. ¡Para eso necesitamos las otras dos!

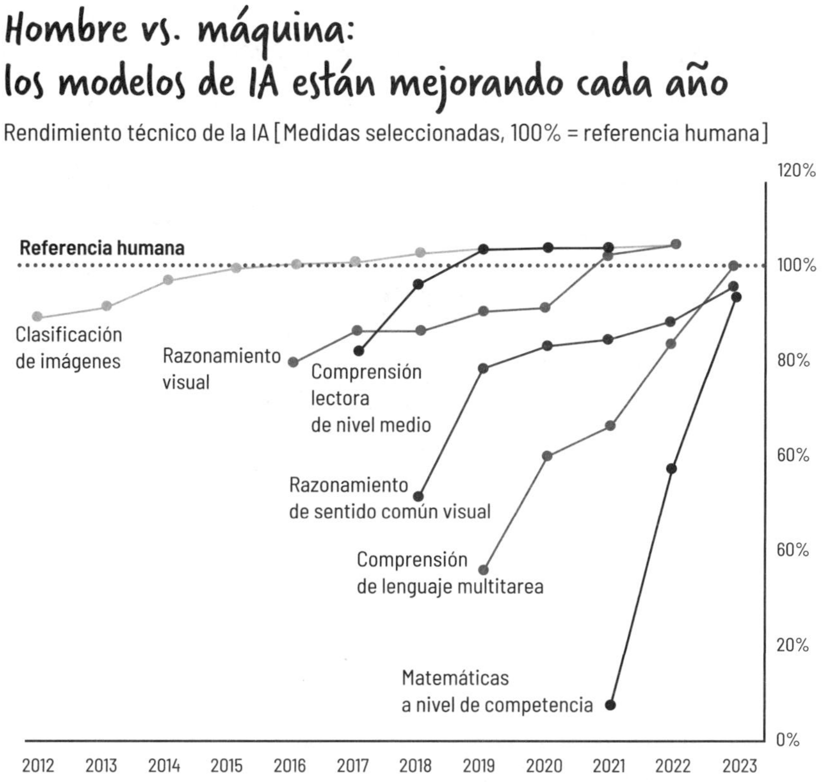

Fig. 16

La segunda dimensión importante de este cambio del escenario de posibilidades viene dada por el avance de la tecnología que creó la disrupción. En el caso de la IA generativa hemos asistido a un imparable avance de sus capacidades desde sus modelos iniciales hasta el punto donde nos encontramos ahora.

Esta es una dimensión donde predomina lo tecnológico. No se trata de encontrar diferentes usos, sino de mejorar la tecnología. Las mejoras son habitualmente incrementales, pero si existe el suficiente *hype* y se ha logrado capturar gran cantidad de talento, capital y proyectos, estas pueden ser trascendentales. Sin embargo, las mejoras acostumbran a tener un fin, un punto donde se ha exprimido hasta la última gota de las ideas que crearon la disrupción y parece que no podemos ir más allá.

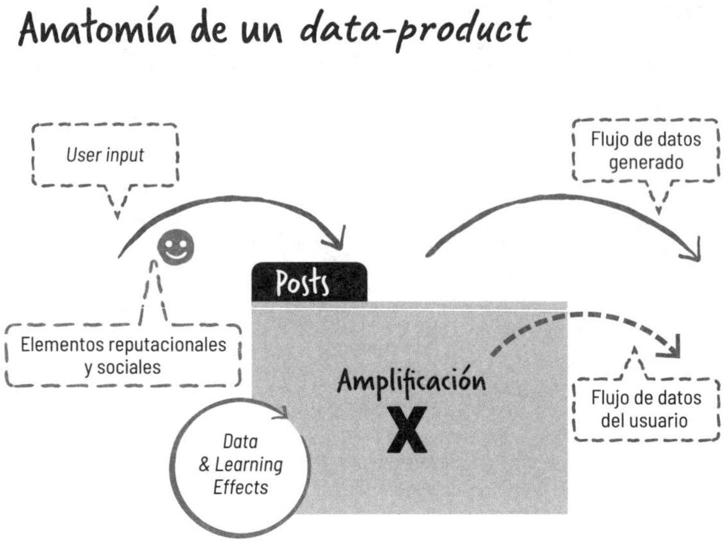

Fig. 17

> Por supuesto, al ampliar la capacidad de uso de la tecnología disruptiva, también ampliamos su alcance y posibilidades de aplicación, su *scope*. Las tres dimensiones están interrelacionadas.

Además, existe una tercera dimensión muy notable, puesto que determina la escalabilidad y la posibilidad de crear nuevos modelos operacionales y de negocio. Es lo que conocemos como *scale,* la escala o la escalabilidad a la que operan.

Inicialmente, las disrupciones no se producen con tecnologías eficientes, sino más bien con pruebas de concepto, que a menudo son en extremo ineficientes. Esto supone un problema importante. Por ejemplo, hoy en día el coste de operación de los modelos extensos de lenguaje (LLM), de los *transformers,* hace inviable un modelo de negocio basado en anuncios y, por lo tanto, gratuito para el usuario. En este sentido, solo es viable un modelo basado en suscripciones o *pay-per-use*, subvencionando el uso gratuito, siempre limitado para incrementar su difusión.

Un buen ejemplo de los cambios de escala es el negocio aeroespacial, donde hemos pasado de un coste de 52 000 dólares por kilo de puesta en órbita con el Shuttle o de 6400 dólares por kilo en el caso del Saturno V hasta los 1000 dólares por kilo con el Falcon 9. Con el Starship se redefinen estos costes. De hecho, el combustible cuesta 1 millón de dólares y el *booster* que hoy en día cuesta 90 millones de dólares esperan reducirlo a menos de 40 millones. Si se reutiliza 10 veces, esto nos lleva a un coste por kilogramo en órbita de solo 10 dólares. El Falcon 9 ya se ha utilizado casi 40 veces, lo que reduciría el coste a 2,5 dólares, menos que el precio de un servicio Glovo a la esquina.

Cambios similares en la escala de las operaciones los encontramos en Starlink, capaz de dar servicio a nivel planetario, ahorrándonos todos los cables de cobre, muchos de los de fibra y repetidores 4G/5G. No se trata de la disrupción de una única empresa de telecomunicaciones, sino de todas.

> Todas las disrupciones atraviesan un periodo en el que se mejora en términos de eficiencia. Este periodo puede ser muy rápido (si la tecnología lo permite y existen grandes expectativas de crecimiento), como en el caso de la IA generativa, que se espera aplicar en casi todos los ámbitos.

Las mejoras en su escalabilidad abren las puertas no solo a una mayor viabilidad económica y a su generalización, sino también a nuevos modelos de negocio y operativos. La clave para ello es su coste marginal. En el mundo digital, estamos acostumbrados a poder llevar los costes marginales a extremos tan bajos que son prácticamente cero. Ello permite subvencionarlos con publicidad o mediante su aplicación en organizaciones o usuarios profesionales que subvencionan un uso limitado pero generalizado.

Sin duda, la escalabilidad repercute en el ámbito de uso e incentiva el desarrollo de nuevas capacidades que, hasta el momento, quizás no se abordaban porque suponían un coste prohibitivo.

Estas tres dimensiones se desarrollan en paralelo y redibujan el espacio de posibilidades a disposición de empresas y emprendedores. No podemos, pues, acercarnos a una disrupción desde un punto de vista estático: debemos considerar estos tres ángulos si queremos disponer de una opinión informada sobre las posibilidades de evolución que se abren a nuestra organización, de los cambios necesarios y de la forma de competir que nos trasladará a un futuro donde estemos mejor posicionados.

Cambios en el *Business Model* (BM) y en el *Operating Model* (OM)

Los modelos de negocio se definen como una organización que crea y captura valor. Una nueva tecnología capaz de hacer cosas nuevas y de mejorar las existentes puede alterarlos de manera sustancial.

Si la disrupción redefine la escala a la que es posible acceder, nos encontraremos con modelos de negocio que tenderán a ser globales y, por ello, también lo será la manera de competir, redundando en que unas pocas empresas dominen el mercado, si su eficiencia mejora con la escala.

Este es un caso común. Por ejemplo, **la aparición del Cloud, como vimos antes, hizo que los procesos de computación y la capacidad de escalar webs se democratizase.** El resultado ha trasladado la competición entre las *apps* a escala global, alterando de manera significativa la creación y captura de valor. Aquellas primeras webs o *apps* locales desaparecieron, consolidándose en propuestas de valor globales.

Encontramos entonces cambios significativos en la forma de crear valor, que en nuestro ejemplo vienen definidos por el tipo de público al que se dirige la propuesta. Pero también modificaciones en la forma de capturarlo. La escala le puede permitir acceder a modelos *free* basados en publicidad o *freemium*, modelos mixtos basados en publicidad con suscriptores *premium*.

Los cambios en la escalabilidad de las propuestas redefinen el mercado en que las empresas operan, removiendo obstáculos, incrementando la competitividad y tendiendo a modelos del estilo *winner-takes-it-all*, si la propuesta de valor es capaz de capturar la imaginación de amplias capas de usuarios.

En cambio, una baja escalabilidad encerrará nuestros modelos de negocio en propuestas de nicho o locales, manteniendo mercados que se parecerán más a una curva de Gauss, es decir, con buena parte de los participantes situados en el centro de la curva con rentabilidades similares.

Es posible también que la disrupción nos lleve a modelos de negocio donde algunas características tienen una alta escalabilidad y otras no. Este es el caso de los modelos que combinan una parte digital, que es posible escalar globalmente, pero con un componente físico, que es necesariamente local. Pensemos en propuestas como Uber, Lyft, Airbnb y tantas otras.

En este caso, nos encontramos con aplicaciones y modelos logísticos que se pueden aplicar a nivel global, pero que hay que ganar ciudad a ciudad, con legislaciones y problemáticas muy diversas.

En ellos, la parte local se convierte en el factor limitativo, y esta solo les permite escalar linealmente, es decir, ciudad a ciudad. Eso sí, en la medida en que sea posible la implantación en una nueva ciudad, puede ocurrir con rapidez.

La siguiente dimensión que debemos analizar es el *scope*, el alcance de los campos de aplicabilidad. Esta dimensión es quizá la que tiene un mayor impacto en los modelos de negocio porque genera nuevos tipos con la aparición de nuevas propuestas de valor o el aumento de las existentes. Este es el campo de las nuevas aplicaciones o de los cambios substanciales de estas. Por ejemplo, un dispositivo de análisis de imagen para usos médicos hace evolucionar la realización del prediagnóstico.

La ampliación de la propuesta de valor utilizando las nuevas posibilidades que tendrá la disrupción es el primer movimiento que surge después de las aplicaciones piloto que crean el *hype* y la lanzan al mercado. En el caso de la IA generativa, la *killer-app* fue, sin duda, ChatGPT, pero después nos encontramos con una amplia variedad de propuestas, como su inclusión en procesadores de texto por parte de Microsoft o Google, en la búsqueda por parte de Google u OpenAI y en otros campos como el legal por parte de Harvey. Todos ellos son aplicaciones de la misma tecnología dirigidas a diferentes usos.

Esta exploración de las diferentes propuestas de valor que se pueden generar con la nueva disrupción supone también la extensión que más valor crea y en donde encontramos más empresas consolidadas y *start-ups* luchando por hacerse con el mercado.

Por último, nos encontramos con la dimensión de la capacidad del modelo: modelos progresivamente más capaces permiten incorporar a código tareas que antes solo estaban al alcance de humanos. Al hacerlo, cambian de forma radical la propuesta de valor y la forma de crear y capturar ese valor.

Por ejemplo, las nuevas plataformas de atención médica que están apareciendo en China, un país con una deficiencia crónica de facultativos, prometen cambiar la atención sanitaria de este país solucionando en buena medida esta problemática con un salto tecnológico.

Si los cambios en el modelo de negocio son trascendentales, estos aún lo son más en el modelo operativo.

El modelo operativo define cómo una empresa opera para crear y capturar valor. Por ello, está íntimamente ligado al

estado de la tecnología. Su gobernanza, su estructura organizativa, las competencias de las personas que componen la empresa y la forma en que se toman y analizan las decisiones no le son ajenas.

Así pues, en un entorno tecnológico donde la comunicación era costosa —como a principios y mediados del siglo XX— las decisiones operativas y algunas de las estratégicas debían descentralizarse. Por ello nos encontramos con las enormes pirámides organizativas en las grandes empresas como General Motors o Coca-Cola, que aun a día de hoy perduran en sectores más tradicionales como la banca retail.

En tanto que la tecnología permite comunicaciones más ágiles, veremos cómo las empresas adoptan estructuras más planas. En la medida en que una parte del proceso de decisión, análisis y evaluación se puede trasladar a código, las decisiones se automatizarán. Al inicio nos encontraremos con la automatización de decisiones pequeñas, de poca importancia, pero finalmente buena parte de la cadena de suministros o de la coordinación será realizada por código y no por humanos.

La disrupción tecnológica de la IA generativa va, sin duda, a avanzar en esa línea: más y más decisiones de análisis, coordinación y ejecución se traspasarán a código, que en este caso estará dotado de una mayor inteligencia que en las anteriores iteraciones marcadas por la IA clásica.

Estamos, pues, frente a cambios en la organización y estructura de las empresas muy notables, que empequeñecerán a los anteriores caracterizados por la aparición de internet y la era .com.

Sin embargo, hay tres decisiones en el modelo operativo de toda empresa que afectan de forma notable a su modelo de negocio. Se trata de **la escala a que esta opera, del scope que gestiona y de cómo innova.** Estas tres decisiones afectan no solo a toda la empresa, sino que también transforman mercados y dependen esencialmente del nivel de la tecnología en un momento dado.

La escala a la que opera una empresa viene determinada por el coste marginal de sus productos y servicios, es decir, por el coste de realizar la siguiente transacción, de fabricar la siguiente unidad de producto. En los productos físicos, este coste marginal es decreciente en escala hasta su punto de saturación, en el que se convierte en creciente o, a lo sumo, se estabiliza. Ello implica que una fábrica tenga un tamaño óptimo a partir del cual sus costes son crecientes en escala. O, dicho de otro modo, sale más a cuenta hacer dos fábricas de ese tamaño óptimo que doblar una de ellas.

Esto no sucede necesariamente con los productos digitales cuyo coste no solo es decreciente en escala sin limitaciones reales, sino que también decrece con los avances tecnológicos. Ahora bien, no todas las tecnologías digitales se comportan así, al menos en sus inicios. La IA generativa tiene costes muy altos que impiden no solo su completo despliegue, sino también el uso de modelos de negocio basados en publicidad, es decir, gratuitos para el usuario y, por ello, con una gran escalabilidad —en todo caso hay que subvencionarlos—. Obviamente todo esto es transitorio y, por lo tanto, habrá muchas empresas que estén dispuestas a invertir y ofrecer servicios por debajo de su coste real a cambio de ganar cuota de mercado.

El *scope* sobre el que una empresa opera es también uno de los cambios más notables. Lo vemos, por ejemplo, en la medida en que se nos puede presentar una visión personalizada de la empresa a través de los sistemas de recomendación o con base en los datos del cliente. En esa misma medida deja de haber limitaciones sobre la variedad de los productos. Ya no estamos en el supermercado o en la tienda física limitados por el espacio del lineal, ahora el espacio se convierte en infinito y nuestra tienda virtual o nuestro negocio puede presentar un número casi ilimitado de posibilidades.

Con la IA generativa veremos ampliar aún más esta capacidad porque podremos negociar y discutir ofertas cliente a cliente.

Por último, uno de los grandes cambios en las empresas del siglo XXI es la **gestión de la innovación.** Esta gestión ha estado basada durante décadas en proyectos de R&D, proyectos de innovación, así como en el apoyo e identificación de innovadores y proyectos internos y externos en base a la Innovación Abierta (el modelo de gestión de la innovación popularizado por Henry Chesbrough que pone al mismo nivel la innovación externa y la interna). Hoy en día, sin embargo, muchas empresas se han convertido en plataformas. La innovación depende ahora de terceros que no están en nómina, a quienes no podemos incentivar y que además trabajan también con nuestra competencia. Asimismo, depende de que los usuarios desentrañen y difundan nuevos usos de nuestros productos en internet, usando redes que no son las nuestras y sobre las que no tenemos control alguno. ¿Cómo podemos, entonces, gestionar esa innovación?

La respuesta se encuentra en la gestión de incentivos y motivaciones de esas terceras partes, en atraer y capturar el favor y fervor de los desarrolladores y ofrecerles el mejor entorno, el entorno más *cool.* También para nuestros usuarios, para que puedan descubrir nuevos usos, adyacencias, de la tecnología y la divulguen por la red, se entremezcle con los existentes y, al hacerlo, se cree valor.

La gestión de la innovación que inicialmente se encontraba en el interior de la empresa y con posterioridad en la red, poniendo en igual valor a los innovadores internos y externos, se ha trasladado de ecosistema y ahora es global. Podemos afirmar que su gestión se ha transformado para siempre.

Todo cambia, la organización también

La estructura organizativa no es ajena a todo este aluvión de cambios. De hecho, refleja el estado de la tecnología y los mecanismos de coordinación que esta permite. Cuando la única posibilidad es una comunicación distante con colaboradores y clientes —como en los tiempos de la carta postal y el teléfono—, entonces necesariamente la organización debe estar distribuida y con una importante descentralización de la capacidad de decisión y, por lo tanto, del poder.

> Cuando llega una disrupción tecnológica que altera las reglas del juego y abre nuevas posibilidades, la organización también se transforma.

El aspecto más evidente de este reajuste es la coordinación, todos aquellos procedimientos que subyacen y articulan la estructura organizativa. De este traslado de la coordinación a código ya hablamos en capítulos anteriores. Pero no es el único.

Los cambios en capacidad, escala y *scope* también determinan la estructura organizativa. Veamos un ejemplo de una transformación que está sucediendo ahora mismo delante de nuestros ojos: la organización de ventas.

Las áreas de ventas, *marketing* y *customer service* han estado tradicionalmente separadas. Poco a poco, sin embargo, los procesos se han ido automatizando e intercalando. El primer ejemplo fue la cualificación de los *leads*, aquellos clientes potenciales, del embudo de ventas, algo para lo que ya existen muchas herramientas que lo automatizan.

Esta cualificación ha ido progresando, rompiendo la cadena donde el vendedor llevaba la operación de principio a fin, automatizando algunas partes y situando a la parte comercial en el cierre. También podemos observar procesos en los que se amplifica la capacidad de los equipos de ventas proporcionándoles elementos recogidos por la organización en las interacciones con otros clientes previos. Un ejemplo es Naro, que escanea de manera automática los correos electrónicos, intentando responder a las preguntas de los clientes con información de la empresa. Finalmente, ya tenemos ejemplos de automatización completa de las ventas vía *chatbots*, sierra.ai es un ejemplo de esta tendencia que va a más.

También el *customer service* está en un proceso de cambio mediante la incorporación de elementos de ventas. Por ejemplo, Gucci ha incrementado en un 30 % sus ventas a través del canal de *customer service* con una aplicación basada en IA de Salesforce o sierra.ai que pretende automatizar ventas y *customer service* con modelos de lenguaje de OpenAI.

Este es un paradigma de cómo canales que estaban no solo separados, sino distanciados, poco a poco convergen y de cómo, al hacerlo, se redefine la estructura de la organización. En unos años, estos tres departamentos estarán fusionados y concentrarán la totalidad de la interacción con el cliente y mucha de esta interacción estará automatizada escalando hasta niveles que hoy en día no podemos ni imaginar.

La automatización —que en buena medida viene determinada por las capacidades del modelo— es la gran palanca que mueve este cambio organizacional. Pero también las variaciones en *scope* que ejercen un gran poder en el *remix* de la información. Este es el caso de la integración de ventas con *customer service*, por ejemplo, y de la recogida multicanal de la información del cliente.

También el aumento de capacidades o la amplificación son, en definitiva, parte de un proceso de microautomatización. Y, como tal, lo transforma. Cuando esta amplificación es capaz de saltar las barreras de diversas tareas y las agrupa, entonces nos encontramos con el mismo proceso de automatización que describíamos: un desarrollo que transforma la propia estructura de la organización en algo diferente. Si este algo diferente es capaz de escalar, debido a un abrupto descenso de costes marginales y a una inversión abordable, entonces la transformación será muy significativa.

No se trata este de un proceso nuevo. Lo hemos visto en las últimas décadas con la aparición de las plataformas, resultado de la traslación de tareas a código y su escalado gracias a unos costes marginales que la industria ha logrado reducir a prácticamente cero. Todo ello ha creado organizaciones distintas: Amazon, Twitter (X), Meta, Google. Empresas con organizaciones dispares y modos operativos distintos y formas de crecer hasta entonces inéditas. Sin duda, la IA generativa creará también organizaciones diferentes al ampliar la frontera de lo posible.

Ya podemos vislumbrar algunas de sus características. Su tamaño es mucho menor, compiten con innovación aún más que antes, están altamente automatizadas, la relación con el cliente no está parcelada, se entiende como un todo y buena parte de su propuesta de valor está desarrollada por sistemas inteligentes.

Mientras escribo estas líneas, ha aparecido la noticia del primer dentista automatizado, capaz de realizar intervenciones en una fracción del tiempo que necesita un humano y con mucha más precisión. Es un robot que utiliza profusamente la IA en su operativa y que puede redefinir la experiencia y el negocio de lo que hoy entendemos por ir al dentista. No es algo tan diferente a los robotaxis de Waymo (Google), Apollo (Baidu) o a los Cybercab de Tesla, que ya hemos visto.

Estas son las propuestas que definen un futuro que ya empezamos a vislumbrar y que cambiará nuestra forma de entender no solo las organizaciones, sino también el *management* o la dirección de nuestras empresas.

Competir en un escenario dinámico

Conducir mirando solo el retrovisor es mal asunto, pero es aún peor si no conocemos la carretera y esta está llena de sorpresas. Pensemos ahora en las disrupciones, donde las capacidades, escala y *scope* cambian continuamente.

¿Cómo competir en estos escenarios?

El elemento más importante es la rapidez. Pero *celeridad* no implica —o no solo— tener una estructura capaz de absorber los nuevos desarrollos y adoptarlos, sino conocer y tener los elementos para valorarlos.

Estas son dos de las grandes dificultades a las que nos enfrentamos:

En primer lugar, el decalaje entre desarrollos tecnológicos que van a toda velocidad impulsados por el *hype loop* y su implementación en entornos de producción que —a pesar del Cloud— va a una velocidad muy distinta. Un entorno de producción requiere de validación, evaluación y ajuste de los costes, así como de asegurar una calidad de servicio constante. Todo ello demanda un aprendizaje y una implementación que requieren tiempo. Son procesos fundamentalmente diferentes del prototipado que domina el desarrollo con demostraciones que nos enseñan el mejor caso en situaciones ideales.

Pero, a pesar de que este es un elemento importante, e incluso determinante de la capacidad de competir de una manera efectiva en este tipo de entornos disruptivos, a nivel estratégico no es el que marca la diferencia. Aunque no es posible asegurar que jamás habrá un incidente en entornos de producción, las grandes tecnológicas tienen una experiencia contrastada en adoptar y escalar tecnologías. Al final, es un problema de talento y dinero, de lo que las *big tech* tienen en abundancia, y tiempo, que es el elemento escaso. Correr demasiado y cometer errores es algo costoso, no solo en términos de reputación, sino en aquello que es aún más escaso, el tiempo.

El elemento determinante, por lo tanto, es la capacidad de escanear de manera constante el espacio tecnológico y disponer de conocimientos y elementos de valoración suficientes para evaluar si un avance debe ser adoptado o no. Esto implica conocer los avances y valorar su utilidad y, de una manera realista, nuestra capacidad y la utilidad de adoptarlos. Los *Venture Capital* y las aceleradoras, como a16z, de la firma de capital de riesgo estadounidense privada Andreessen Horowitz, realizan esta tarea de manera continuada y disponen de información privilegiada sobre el mercado y las oportunidades que se van abriendo con cada avance. Detectar y aprovechar cada una de estas oportunidades para mejorar nuestra posición competitiva será algo determinante en un entorno cambiante donde, en muchos casos habrá una alta escalabilidad y un coste marginal bajo, unos pocos dominarán el mercado.

Ahora bien, de las tres dimensiones sobre las que se movilizan las disrupciones, dos definen nuestra forma de competir (*capacity* —la capacidad de la tecnología— y *scope* —su ámbito de aplicabilidad—) y una de ellas define la intensidad. Por supuesto, la escalabilidad de la tecnología determina la intensidad competitiva del mercado. A mayor escalabilidad nos encontraremos con una mayor intensidad competitiva. Pero si esta es menor y tiene problemas de implantación, entonces tendremos una intensidad competitiva limitada, destinada a segmentos pequeños que puedan costear el servicio.

Avanzar en el *scope* es avanzar en segmentos de mercado específicos o en mercados de nicho. Así pues, en el caso de la IA generativa nos encontraremos con aplicaciones específicas destinadas al mercado legal, al campo médico o a los *copilots* de generación de código. Se trata de segmentos donde la captura de valor es ciertamente más limitada, pero donde también hay menos participantes. **Avanzar en la capacidad tecnológica es ensanchar aún más la frontera, ampliando el campo de lo posible.**

Aquellas organizaciones que se enfocan en desarrollar modelos cada vez más capaces compiten de una forma totalmente diferente. Son propuestas genéricas dirigidas a mercados amplios. Es una forma de competir donde la diferenciación entre las propuestas es leve: lo hemos visto en redes sociales y lo vemos ahora con la IA generativa, y es que se tiende a converger en las propuestas. Es un campo donde la estandarización, los productos complementarios, los *switching costs* y los efectos red acaban sometiendo quizá más que la capacidad del producto. Si es aún factible construir productos significativamente más capaces, esta es la mejor forma de ganar mercado. Sin embargo, en toda tecnología se llega a un techo temporal, es cierto, pero igualmente representa una barrera. Y toda tecnología acaba convirtiéndose en parte de los logros comunes de la humanidad y, por tanto, imposible conseguir ventajas competitivas significativas.

Cuando todo cambia

Las disrupciones producidas por tecnologías genéricas raramente producen cambios parciales. No modifican solo algunas fichas: se altera el tablero entero y con él, las reglas del juego. No podemos valorar el nuevo mundo que crean si mantenemos las gafas, las reglas y los indicadores del antiguo.

No cambian qué tareas hacen los humanos y cuáles las máquinas, ni cómo estas son valoradas por el mercado. Cambian el mercado en sí mismo, la forma de competir y cómo estructuran y organizan las organizaciones.

Ante estos cambios, la discusión sobre si incrementan o no la productividad es irrelevante porque estamos comparando productos y servicios muy diferentes con modelos de negocio y modelos operativos diversos.

Estas son las olas de destrucción creativa a las que Schumpeter se refería; olas que redefinen el mundo y las relaciones que se entablan en él.

Cuando todo cambia, después de una disrupción genérica, el cambio se convierte en inevitable y después de la disrupción solo quedan dos tipos de organizaciones: las que han adoptado lo inevitable y las que están muertas.

Capítulo 6

Crecer exponencialmente sin gastar un euro en *marketing*

Seguro que si estás leyendo este libro usas WhatsApp en tu día a día. ¿Has visto alguna vez algún anuncio de WhatsApp? Seguro que no, ¡porque no hay! De hecho, en 2014 cuando Meta compra WhatsApp por 19 mil millones de dólares no tenía ni tan siquiera un departamento de comunicación que pudiese hacer la nota de prensa, la tuvo que redactar Meta. En ese momento, era una empresa pequeña con una *plantilla* de cincuenta y cinco empleados, pero enorme en cuanto a usuarios: éramos 450 millones de agentes activos cada mes y 315 millones activos todos los días. Yo mismo soy uno de ellos.

Este no es, ni de lejos, un caso único. ¿Anuncios de Twitter (X)? ¿De Google? Parece que ninguna de las plataformas digitales, ni tan siquiera las más pequeñas como Telegram, han utilizado jamás la publicidad como medio para captar clientes o darse a conocer. Parece que, a pesar de que viven de vender anuncios y conocen el *marketing* como nadie, no usan esas herramientas. Tampoco las plataformas Cloud y algo (pero no mucho y desde no hace mucho) los fabricantes de *smartphones*. ¿Cómo lo logran? Se trata de los efectos red que aprovechan la potencialidad de la conexión de una red para transformar en valor.

Veamos algunos ejemplos por todos conocidos. ¿Qué valor tiene un teléfono si solo hay uno? Ninguno. Si solo tenemos un teléfono en toda la red, su valor es cero porque no podemos hacer nada con él. Ahora bien, si hay muchos tenemos la posibilidad de conectar con otras personas, lo que incrementa enormemente su valor. De hecho, si nos interesase conectar con todas las personas que están en la red, su valor equivaldría al número de conexiones posibles en ella. El teléfono, el aparato que posibilita estas conexiones, no ha cambiado en absoluto: es el mismo teléfono, pero su valor se ha incrementado notablemente porque nos proporciona una utilidad mayor. No es solo la red la que obra este milagro, es también el teléfono, el dispositivo que nos permite convertir ese valor potencial en algo real para nosotros.

Así las cosas, la existencia de unas páginas amarillas donde podemos encontrar los teléfonos de todos los participantes en la red materializa el valor potencial de esta, permitiéndonos contactar con todos ellos.

Estos son dos ejemplos antiguos, de hace más de un siglo, pero son buenos modelos de cómo el valor no depende del producto en exclusiva, sino también del número de usuarios que lo utilicen.

> Parece mágico, pero al incrementarse el número de usuarios, sin cambiar nada del producto, se incrementará también su valor.

Ahora nos resultará mucho más fácil entender por qué Meta pagó 19 mil millones de dólares por WhatsApp. No fue por el producto en sí, fue por la *app* que conectaba a 450 millones de usuarios. De ahí su valor.

Nuestro relato es un buen ejemplo, pero también resulta algo simplista. No nos aporta el mismo valor el primer usuario que el último y, como veremos, el valor no proviene de la capacidad de conectar —o no únicamente—, y esta capacidad de conectar no viene dada por la existencia de una red, esta solo la hace posible.

Entonces, ¿cómo convertimos lo posible en real?

Data-products: el secreto de los efectos red

La potencialidad de conectividad de una red se transforma mediante artefactos que la hacen posible. Así pues, el teléfono posibilita conectar con los abonados a la red. Sin él, sería imposible. Esa misma red puede facilitar múltiples tipos de conexiones. WhatsApp, por ejemplo, usa el número de teléfono que identifica a un usuario de la red telefónica para proporcionar una conectividad distinta a la del teléfono. Una conectividad que, de hecho, desborda las posibilidades que habíamos imaginado en la red telefónica.

¿Qué ha cambiado? No es la red, ¡es el *software* que nos permite conectarnos a esa red!

En una red donde la conectividad se define mediante internet y *software*, estos dispositivos ya no son productos físicos (como el teléfono o las páginas amarillas), sino que se construyen y manejan datos. Por eso los denomino *data-products.*

Imaginemos ahora una red social genérica, una abstracción de Facebook, Instagram, WhatsApp o Twitter (X). Allí nos encontramos una *app* que nos permite colocar *posts,* mensajes en la red. Esas aplicaciones han ido evolucionando de diversas formas. Al comienzo nos permitían poner un mensaje de texto y difundirlo entre nuestros contactos. Progresivamente, este mensaje fue incluyendo imágenes, vídeos, audios... Todas estas nuevas posibilidades que se han ido incluyendo en este *data-product* crean efectos red importantes al ser capaces de capturar la atención de un mayor número de usuarios y de multiplicar el valor de la red para estos usuarios.

Este efecto multiplicador, de amplificación de los *data-products,* es esencial en su diseño porque determina la capacidad de incrementar el valor.

Veamos los elementos fundamentales de diseño de un *data-product.*

Anatomía de un data-product

Un *data-product* puede estar compuesto por hasta cinco componentes. Esto no implica que todos deban tener estos cinco elementos, pero, como veremos, estos cubren la totalidad de las funcionalidades creadas hasta el momento:

→ **La captura de datos, el *input*.** Un *data-product* se nutre de datos. Estos pueden generarse por el usuario, como en el caso de WhatsApp, Facebook, ChatGPT o Instagram, o pueden ser el resultado de la recolección de datos ya existentes, como sucede en los sistemas de recomendación. En cualquier caso, **los datos son los ladrillos sobre los que se construye tanto la captura de efectos red como su amplificación.** El *input* no consiste en contenido solamente, también incluye nuestras reacciones a contenidos de otros, como cuando marcamos que nos gusta a una publicación.

→ **La amplificación.** Esta captura de datos puede permitir simplemente texto o ser multimodal. Puede también incluir iconos o incluso elementos de edición de nuestras fotografías que convierten imágenes mediocres en ganadoras de concursos de fotografía como es el caso de Instagram o TikTok. Estos elementos de amplificación son importantes. El uso de la IA generativa ampliará aún más esta capacidad multiplicativa, haciendo que nuestros *prompts* y fotos sean más atractivos, capaces de capturar la imaginación y la atención de la red.

→ **El *feed*.** El algoritmo distribuye y gestiona la visibilidad de los contenidos y determina nuestra presencia en la red. Aquí observamos una gran disparidad en la distribución. Mientras plataformas como TikTok son muy agresivas en la promoción de contenidos que son populares o destacan entre los usuarios, otras, como Twitter (X) son más conservadoras y se basan en la distribución orgánica, generada por los propios usuarios. A menudo requieren que los contenidos sean apoyados por publicidad pagada para alcanzar niveles de visibilidad aceptables. El *feed* es quizá el elemento que determina en mayor medida el carácter de una red.

→ **El *feed* generado por los propios usuarios.** Nosotros mismos también distribuimos contenido creado por otros, mediante el *repost* o añadiendo comentarios propios. Esta es una de las herramientas más potentes de distribución que añade al contenido un nivel de reputación adicional que le otorga el usuario mediante la redistribución y su validación.

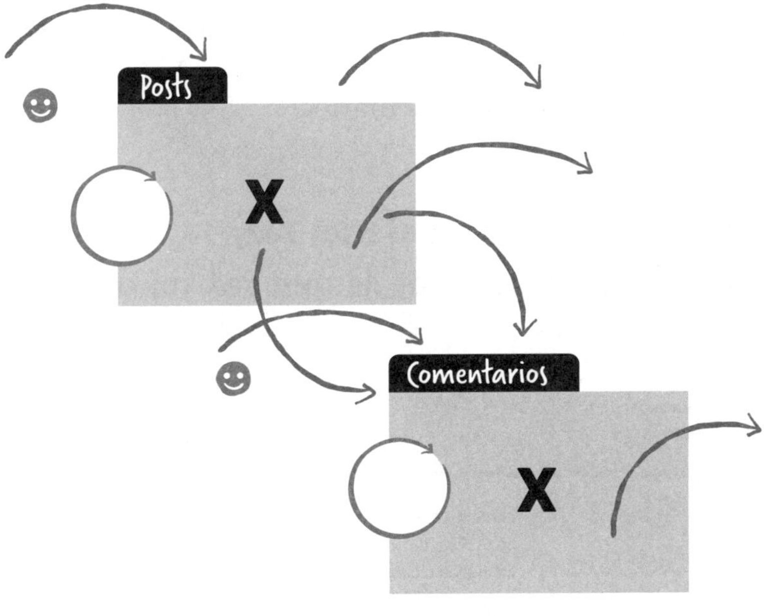

Fig. 18. Anatomía de un *data-product*

→ Captura de datos y bucles de aprendizaje. Los *data-products* son también una oportunidad excepcional para capturar datos de los usuarios y de su comportamiento. Elementos como quién ve qué contenido, quién responde e interactúa con él son elementos imprescindibles para dirigir el *feed* de contenido de forma que este sea relevante y, por tanto, multiplicar el valor de la plataforma para sus usuarios. Estos datos se procesarán generando modelos de aprendizaje automático que, a su vez, incrementarán el valor de plataforma permitiendo crear *feeds* más relevantes y herramientas de amplificación más útiles a los usuarios.

Habitualmente, nos encontramos con *data-products* anidados, como en el caso de los comentarios sobre *posts.* El ejemplo más común son los comentarios anidados a *data-products* de *posts.* De esta forma creamos cadenas largas con funcionalidades complejas que incluso generan efectos red en el mismo *data-product.* Un ejemplo de ello son los *posts* anidados que observamos comúnmente en Twitter (X), algunos con cientos de *likes, reposts* y comentarios.

Fig. 19. *Data-products* anidados

De hecho, esta apariencia modular permite componerlos y reutilizarlos a voluntad. Esta es una de las claves tanto de su éxito como de su capacidad para generar efectos red.

Efectos red: más allá de la conectividad

Los efectos red se asocian con frecuencia a la conectividad, a la capacidad de posibilitar y generar interacción entre los usuarios de una plataforma. En la medida que esta conectividad posibilita un mayor número de conexiones entre los usuarios, se incrementa su valor para estos usuarios.

Ahora bien, el valor no proviene únicamente de la conectividad. Hay muchas más formas de valor que provienen de las dinámicas sociales que se crean en una plataforma o en internet en general. Examinémoslas en detalle.

El conjunto que forman la conectividad, la posibilidad de interactuar y comunicarse es el primero de los efectos red, capaz de multiplicar su valor. Ahora bien, no todo es *comunicar*, también hay que generar contenido, visibilidad y distribución de ese mismo contenido que puede ser amplificado al aumentar su calidad: mejora de imágenes, de los textos, los vídeos, una edición avanzada... Instagram y TikTok son fantásticos ejemplos de hasta dónde puede llegar esta amplificación. Las nuevas herramientas capaces de mejorar textos e imágenes con IA generativa nos asoman a un futuro dónde la amplificación alcanzará cotas inimaginables.

> La conectividad no tiene solo una dimensión individual, sino también colectiva. La creación de grupos y su interacción forman además parte de ese incremento de conectividad. Herramientas como WhatsApp, WeChat o Spotify crean una buena parte de su valor potenciando su dimensión social.

La propuesta subyacente en la conectividad es sencilla y directa. Cuanto mayor sea la red, mayores son las potencialidades derivadas de la generación de efectos red basados en la conectividad. Por lo tanto, mayor es el valor de la propuesta tanto para el propio grupo como para los otros grupos que quieran ofrecer productos, servicios complementarios o simplemente anunciarse. Las capacidades de aumentar este tipo de propuestas mediante herramientas digitales son, como hemos visto, enormes.

El segundo tipo de efectos red, muy relacionado con el primero, es aquel que se basa en la gestión de la reputación social. La reputación, la visibilidad es algo inherente a todo grupo humano, ya sea presencial o virtual. En su formato virtual tiene hoy en día una gran importancia hasta el punto de que algunos arriesgan incluso la vida por aumentar su reputación virtual. Estamos hablando de los *influencers, followers,* suscriptores... Todo ello basándose en construcciones digitales de la reputación, gestionadas por *data-products.* La propuesta es similar: cuanto más grande es la red, mayor es su potencial para generar reputación social y mayor es su capacidad para aumentar, dar visibilidad e incluso monetizarla mediante herramientas digitales, incluyendo anuncios pagados y *product placement.* Al igual que en el caso anterior, este tipo de efectos red utiliza la propia red, pero, a diferencia del caso anterior es capaz de transcenderla. Este es el caso de los *influencers* de YouTube, TikTok o Instagram, que a menudo vemos elevados a la categoría de expertos en los medios tradicionales o el de los *followers* de Twitter (X), que también se correlaciona con el nivel de *expertise.*

Los efectos de aglomeración son también consecuencias red que se incrementan a medida que se engrosa el tamaño. Una vez alcanzado un cierto tamaño de red, no solo es imposible no estar allí, sino que así se explica por qué la gente sigue allí; en otras palabras, **la resiliencia de la red.** Los efectos de aglomeración funcionan no solo para el propio grupo o los usuarios de la red, sino también para los otros grupos como anunciantes, proveedores de servicios, eventos..., y aumentan el valor para ambos.

Finalmente, entre los efectos de la propia red encontramos los efectos de datos y aprendizaje *(data and learning effects).* A mayor tamaño de la red y mayor nivel de interacciones, también serán mayores la capacidad de capturar datos y aprender de ellos, mejorando así todos los demás. Este tipo de efecto es probablemente el que más se ha incrementado en los últimos años junto a los avances en inteligencia artificial que están abriendo todo un conjunto de posibilidades.

Ahora bien, no todos los efectos red necesitan de manera implícita una *red;* también tenemos efectos red capaces de usar otras redes. La existencia de efectos red agnósticos a la misma red, capaces de utilizar la enorme conectividad existente para multiplicar el valor de sus propuestas, puede sorprendernos, pero es algo habitual.

El ejemplo más notable lo tenemos en el ChatGPT, puesto que carece de red propia. El hecho de que millones de personas lo usen no parece incrementar su valor para nosotros. Sin embargo, su patrón de desarrollo evidencia un crecimiento basado en efectos red, casi vertical. ¿Cómo es posible?

> La propuesta es simple: cuanto mayor sea el valor y la amplificación de nuestras capacidades que proporcionan, más visible será este efecto en todas nuestras interacciones en cualquier red y, en consecuencia, más deseable y hasta imprescindible.

Este ha sido el caso de Google. En general, cualquier buscador constituye una herramienta ampliamente utilizada sin la cual no nos sería posible y no podríamos en muchos casos concebir nuestra labor. En la actualidad, como antes hacíamos con Google, nos apoyamos en ChatGPT, que se está convirtiendo aceleradamente en algo imprescindible.

Resumen de efectos red por tipos

	ELEMENTOS LLAVE	DESCRIPCIÓN	EFECTO	MECANISMO
Conectividad	Conexión	Aprovecha la conexión social para la interacción, creación y distribución de contenido, visibilidad, grupos...	Cuanto más grande sea la red, mayor será el potencial de conexión e interacción social y mayor el valor para el mismo y otros grupos	Explota las externalidades de la red propia con funcionalidades y disposiciones que desencadenan efectos de red
Reputación	Reputación social	Se basa y crea visibilidad y reputación social en grupo	Cuanto más grande sea la red, más relevante será la reputación social en esta red y el valor para sí misma y otros grupos	Explota las externalidades de la red propia con construcciones artificiales de reputación y visibilidad (por ejemplo, los seguidores)
Aglomeración	Atracción preferencial	Se basa en la atracción preferencial hacia redes más grandes y más relevantes y sus complementos	Cuanto más grande y más relevante sea una red y sus complementos, mayor es su capacidad para atraer miembros del mismo u otro grupo	Explota las externalidades de la red propia. Son clave la visibilidad del tamaño de la red y la influencia
Datos y aprendizaje	Inteligencia artificial	Recoge datos y permite mejores predicciones con la IA que impulsan más datos	Cuanto más grande y más significativa sea la cantidad de datos recopilada, mejores serán las predicciones y mayor será el valor para sí mismo y otros grupos	Desarrolla capacidades internas a través de datos e IA
Aumento	Aumento	Aumenta las capacidades humanas con IA generativa, búsqueda o herramientas digitales	Cuanto mayor sea el aumento y más común, mayor será el valor y la necesidad de adoptarlo	Explota las externalidades de la red propia y otras, aumentando las capacidades humanas y desencadenando efectos de red

Tabla 1

Ahora ya estamos en condiciones de examinar con más detalle **la relación entre externalidades de una red y efectos red,** y de cómo estos son capaces de trascender la propia red.

Estamos ante potencialidades que se agrandan con productos digitales, es decir, *data-products.* Este incremento puede ser específico de una red o agnóstico, pero es su grado de aplicabilidad independientemente de la red lo que aumenta su valor.

En realidad, y como venimos diciendo, se trata de un continuo de este aumento de nuestras capacidades específico de una red o completamente agnóstico como en el caso de Google o ChatGPT.

Fig. 20. El *continuum* de los efectos red, específicos o agnósticos de una red concreta

De hecho, ninguno de los efectos red que hemos mencionado es completamente específico a una única red. Analicemos, por ejemplo, los efectos de reputación. Estos raramente están limitados a la red donde se originan. Los *tiktokers* más famosos salen en televisión y aparecen en prensa, incluso a menudo se menciona el número de *followers* de un personaje para referirnos a su reputación y popularidad.

Los grupos de WhatsApp se engranan e interaccionan en el mundo real transcendiendo la propia red, y aquellos que aumentan nuestras capacidades terminan convirtiéndose en estándares sin los que nos sería difícil vivir. Incluso en ocasiones se incorporan a nuestro lenguaje como verbos, como es el caso de Google: ahora *googleamos.*

Todo ello no hace otra cosa que aumentar el valor de ese producto y servicio, creando barreras de entrada a la vez que dificultan su desaparición y facilitan su crecimiento. Un buen ejemplo de ello ha sido Twitter (X). Cuando Elon Musk compró Twitter muchos pronosticaron su desaparición. Hubo un boicot de anunciantes y competidores como Meta que pusieron en el mercado productos similares (incluso Open Source), pero los usuarios no se fueron porque se resistían a perder su visibilidad y su reputación plasmada en forma de *followers* tan arduamente conseguida. Twitter siguió siendo el sitio donde periodistas, políticos, expertos, académicos e *influencers* concentran su actividad. Probablemente hemos asistido asimismo al crecimiento de otras redes como LinkedIn, pero la capacidad de resiliencia que proporcionan los efectos red se ha puesto una vez más de manifiesto.

Una perspectiva estratégica de los efectos red

Hasta ahora hemos examinado los efectos red con base en su potencial de crecimiento, cómo estos pueden catapultar nuestra organización de una forma inimaginable sin gastar ni un solo euro. También hemos apuntado algunas de sus características a nivel estratégico, cómo nos pueden ayudar a competir destacando la resiliencia y defensividad de la que nos dotan. Pero es importante recordar que los efectos red son elementos básicos que definen la estructura competitiva, tanto interna como externamente de una organización.

En primer lugar, **debemos distinguir entre efectos directos e indirectos, ya que esto determinará** la estructura de relaciones en una plataforma.

Los **efectos red directos** son aquellos en los que el incremento de usuarios revierte en el propio grupo de usuarios. Así pues, un mayor número de usuarios en WhatsApp hace que esta tenga más valor para sus usuarios de la *app,* simplemente porque llega el momento en que sustituye al teléfono. Todo el mundo forma parte de la plataforma y dices: «Dame tu *whats*» de la misma forma que pedirías un número de teléfono.

Estos son los efectos más potentes, pero difíciles de monetizar de forma directa por la plataforma. Puedes implantar, obviamente, un modelo de negocio basado en suscripción, pero perderás usuarios y disminuirán los efectos red, por lo que es algo que difícilmente acaba implementándose. En buena medida, los efectos red reputacionales también son de este tipo: aumentan el valor de la plataforma para los usuarios porque la entienden como una fuente de reputación aceptada a nivel global.

Los efectos directos más elementales son los relacionados con la conectividad, es decir, con la capacidad de conectar con otros miembros de la red. Así pues, en redes como WhatsApp (o en general en cualquier red) tenemos la posibilidad de comunicarnos con otros usuarios de la red como hacíamos con el teléfono. Ahora bien, debemos recordar que esto no es una característica de la red que nos proporciona la potencialidad, sino que quien la materializa es el *data-product.* Puede ocurrir con diversos niveles de aumento de las funcionalidades, que hoy en día van desde texto a videoconferencia y, en un futuro, quién sabe.

> Esta capacidad de, en primer lugar, crear los efectos red y, en segundo, de aumentar las capacidades de estos y, por lo tanto, su efecto multiplicador es lo que nos permite jugar con ellos desde un punto de vista estratégico.

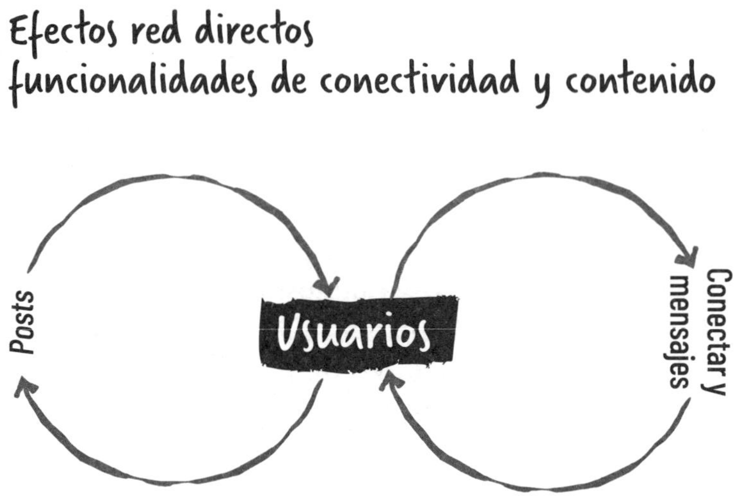

Fig. 21. Efectos red directos basados en la conectividad

Ahora bien, estos *data-products* pueden «inventar» funcionalidades que van más allá de la conectividad. La más común es el contenido: la posibilidad de que los usuarios creen contenido y lo difundan.

Además, si tenemos suerte, podemos crear innumerables efectos red directos sobre un mismo grupo, de manera que el multiplicador total sea la agregación de los multiplicadores de cada uno de ellos. También podemos componer los *data-products* de tal forma que aumentemos aún más sus multiplicadores. Ese es el caso de los *posts* y los comentarios de los *posts,* que multiplican su valor con el objetivo de abrir la participación y el diálogo a otros usuarios creando una conversación. Esta aproximación es la que ha permitido a WhatsApp, WeChat, Instagram, TikTok, X y tantos otros alcanzar unas cotas de usuario que antes nos parecían inimaginables. Los efectos directos son los que tienen un impacto más decisivo en el crecimiento, mientras que, como veremos, los indirectos permiten la monetización.

También podemos estimar el signo de los efectos. Nos interesarán los positivos, pero también existen efectos negativos cuando quizá la propuesta no está alineada con los intere-

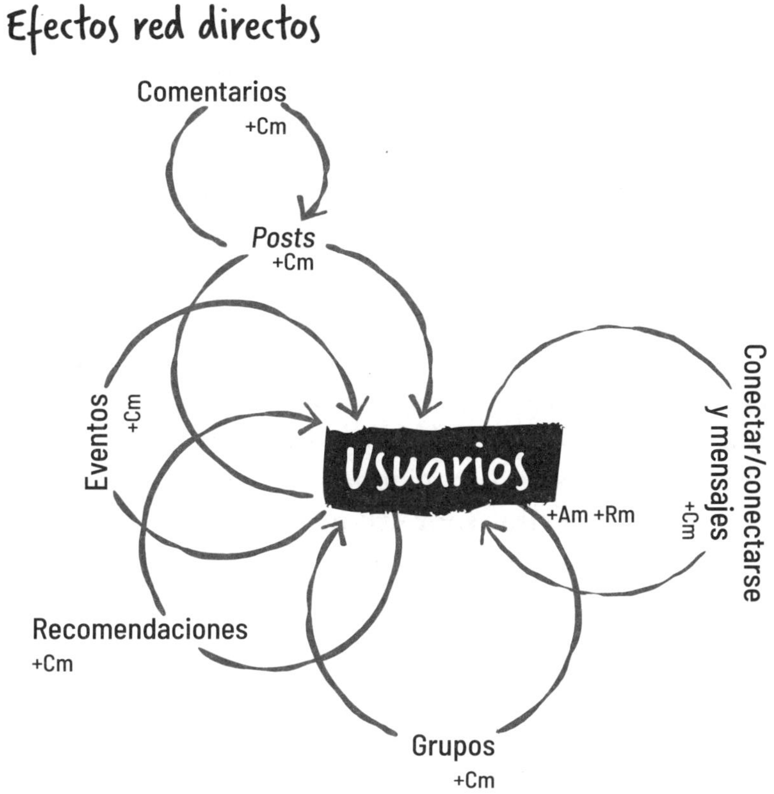

Fig. 22. Efectos red directos que proporcionan funcionalidades de conectividad y contenido

ses de los usuarios. Imaginemos, por ejemplo, un *data-product* que recomienda contenido ideológico contrario al grupo de usuarios o que simplemente está bombardeando a estos con anuncios constantes. Podremos estimar su multiplicador simplemente observando el nivel de interacciones antes y después de la aparición del *data-product* en cuestión. Por último, podemos identificar su tipo (C para conectividad, R para reputación...). Esto nos dará una representación, como la de la Fig. 21. Así, verás que cada efecto tiene una estructura del estilo +Cm. La *m* nos indica el multiplicador, es decir, la fuerza del efecto. Aquí, en vez de un número concreto, podrías también utilizar **a** (alto), **m** (medio) o **b** (bajo), o incluso cambiar el grosor del bucle para hacerlo más visual, pero necesitamos hacernos una idea de la fuerza del efecto. Idealmente, obtendremos la fuerza del efecto con base en la experimentación, es decir, advirtiendo cómo aumenta respecto a un grupo de control. Esto es algo habitual en grandes plataformas, pero costoso para las pequeñas, pues debemos pues ser flexibles en este aspecto. Un segundo elemento es el tipo de efecto: aquí hemos indicado *C*, un efecto red de conectividad. Finalmente, tenemos el signo del efecto, +. En este caso, que indica que es positivo, ¡recordemos que también hay efectos red negativos!

Aquí ya tenemos una primera representación gráfica de los efectos directos en una plataforma con la que podemos jugar, diseñar y teorizar sobre su potencial y las posibles incorporaciones de nuevos efectos.

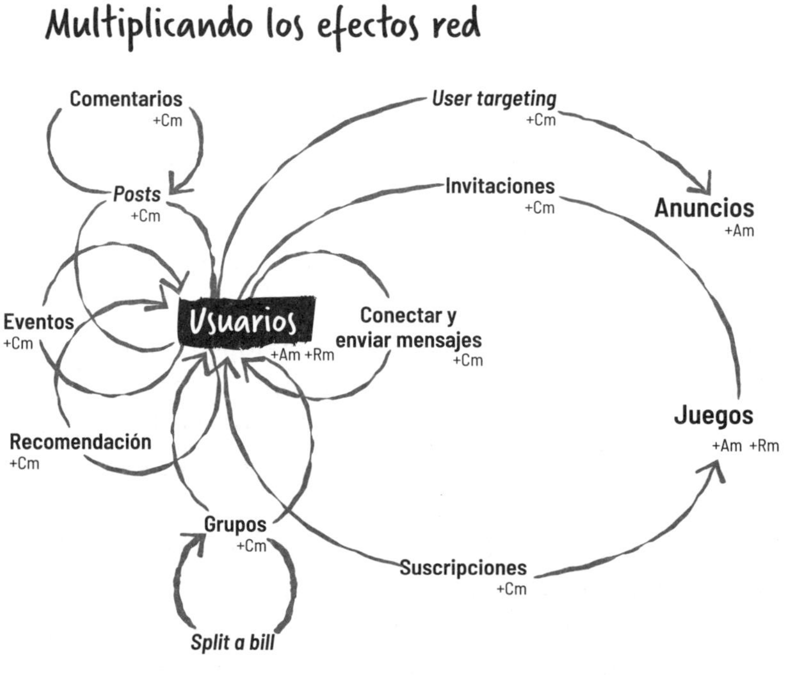

Fig. 23. Efectos red directos cualificados con multiplicador, tipo y sentido

Efectos red indirectos

> Los efectos que hemos discutido hasta el momento crean valor en el propio grupo, por eso los llamamos directos. Sin embargo, también existen los efectos red que crean valor en otros grupos. De hecho, son muy comunes porque permiten monetizar el grupo original.

Google no tiene ningún efecto directo de conectividad o reputación. Si en un momento dado hay un usuario o un millón de usuarios, no nos afecta de forma directa —aunque sí lo hará en términos de aumentar nuestra capacidad, claro—. Pero el número de usuarios activos en la plataforma tiene un enorme valor para otro grupo, para los anunciantes, ya que les permite capturar un pedazo de nuestra atención y hacerlo con propuestas que posiblemente nos interesen, puesto que ya han recabado datos sobre nuestra actividad. Estos son los que llamamos efectos red indirectos o hacia otros grupos, y se basan en efectos de aglomeración. Cuanto mayor sea el número de usuarios del grupo original, mayor será el interés para el otro grupo en capturar una parte de su atención mediante anuncios.

En el gráfico *supra* tenemos una representación de algunos efectos indirectos. Vemos que pueden existir multitud de otras partes. En este caso, representamos una red social genérica, en la que solo tenemos anunciantes y desarrolladores de juegos. Es parecida a WeChat, una red actual que puede llegar a tener centenares o miles de grupos actuando al unísono.

Al igual que los directos, estos efectos se materializan mediante *data-products.* Así pues, los anunciantes precisan de un *data-product* proporcionado por el gestor de la plataforma para hacer el *targeting* de los usuarios y poner sus anuncios en su *feed,* a fin de intentar capturar nuestra atención. Los humanos somos excelentes ignorando todo aquello que no nos interesa, y por ello ese *targeting* es importante ya que, si no nos interesa, lo ignoraremos. Haced la prueba: ¿os acordáis de algún anuncio que hayáis visto hoy? ¿Verdad que no? Pues eso.

Algunos de estos efectos solo tienen una dirección, como en el caso de los anunciantes. Es decir, va dirigido únicamente desde los anunciantes para los usuarios. Otros, en cambio, pueden presentar ambas direcciones. En nuestro ejemplo, hemos imaginado que te puedes suscribir a los juegos, pero también habríamos podido suponer que puedes escoger a qué juego jugar sin la necesidad de suscripción.

Al igual que en el caso anterior, podemos calificarlos con un multiplicador de aglomeración (A), reputacional (R) o de conectividad (C) y su dirección positiva o negativa.

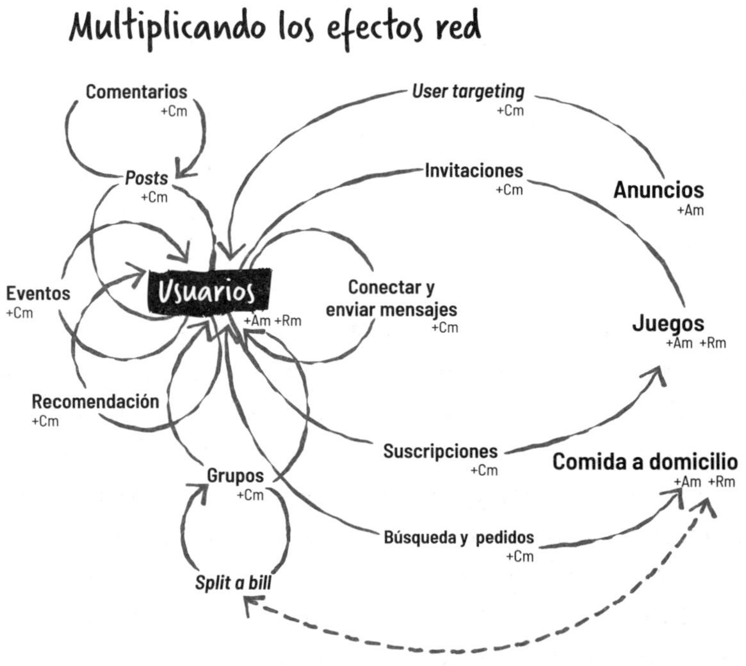

Fig. 24. Efectos red directos e indirectos

Esta visualización estratégica de las funcionalidades de los *data-products* permite asimismo su composición. Es común que en muchas plataformas dispongamos de la funcionalidad de pagar en grupo. Es una funcionalidad que permite las salidas a restaurantes o a otras actividades.

Si uno de los servicios de la plataforma es la distribución de comida —tipo Uber Eats o Deliveroo— podemos componerlo con el pago en grupo y multiplicar así su efecto.

Como vemos en este gráfico, la posibilidad de pedir comida a domicilio se compone con el pago en grupo, ofreciendo una funcionalidad añadida al servicio y, por lo tanto, multiplicando los efectos red de la plataforma.

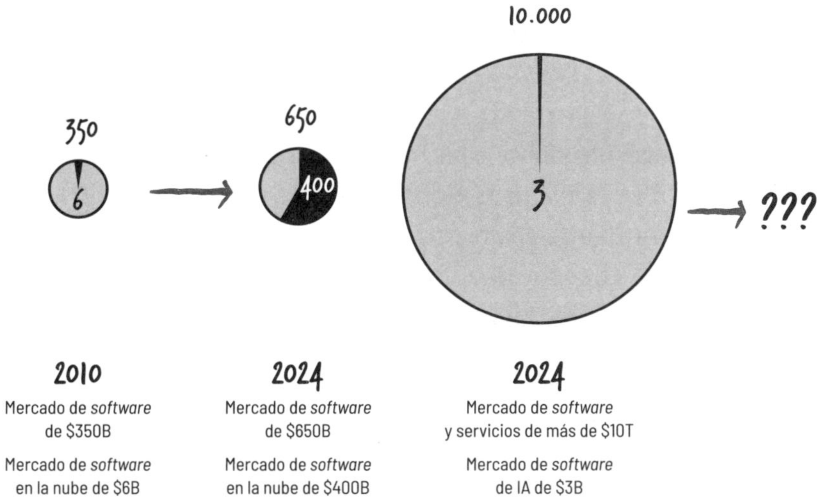

Fig. 25. Multiplicando los efectos red

Diseñando efectos red

Hasta aquí hemos presentado una nueva perspectiva de los efectos red. No se trata de cosas que pasan porque hay una red; se trata de cosas que implementamos deliberadamente. Este es un elemento fundamental.

La implementación se realiza mediante artefactos: pueden ser físicos, como el teléfono, pero en este mundo donde lo virtual cada día pesa más son habitualmente digitales y actúan en el campo virtual. Los hemos llamado *data-products* porque se construyen con datos y se amplifican, modulan y dirigen con código e IA.

Hemos visto cómo los efectos red son finalmente un producto de la interacción social y se definen a partir de esta. Importa la conectividad, pero también la visibilidad, la reputación, la presencia, los efectos de aglomeración y, obviamente, los que nos permiten aumentar nuestras capacidades. Los humanos desarrollamos herramientas para aumentar nuestras capacidades, es lo que nos define, y aquí básicamente seguimos haciendo lo mismo, traspasando tareas a estas herramientas cada día más sofisticadas.

> Más allá del resultado, a los humanos nos importan el efecto social y los diversos tipos de efectos red que hemos descrito y que reflejan esta realidad. Nuestra posición, influencia, conectividad y pertenencia en la tribu siguen siendo lo que nos define y nos motiva.

Por último, hemos hablado de un lenguaje para manejar todo eso. No se trata de una codificación estricta, sino de una herramienta que nos permite visualizar los efectos red de un producto o de una plataforma e imaginar nuevos, discutir conjuntamente sus posibles efectos y tratar de pensar en cómo maximizarlos. **Es una herramienta gráfica porque los humanos entendemos mejor ese tipo de materiales y nos movemos mejor con ellos.**

Esta es una herramienta que he utilizado muchas veces en mis clases en Esade, y forma parte de uno de mis cursos. También la he usado en otras universidades como EPFL (Lausana) e igualmente lo ha hecho mi amigo y coautor de un artículo sobre *data-products,* Chris Tucci, en el Imperial College (Londres). Nuestra experiencia con la herramienta es excelente y esta es su primera presentación al gran público, por lo que no encontraréis aún información disponible en la red, esperemos que podamos encontrarla pronto. Es necesario entender bien los conceptos, eso sí. Pero, una vez lo consigues, te permite diseñar tu plataforma o tu producto pensando en efectos red y conseguir la promesa del título de este capítulo: «Crecer exponencialmente sin gastar un euro en marketing», un crecimiento hasta niveles que probablemente no hubieses imaginado.

En el caso de que tengas muchos efectos red en tu producto, es muy probable que se convierta en un embrollo poco útil. Entonces te recomiendo que hagas un ejercicio de abstracción y agrupes varios en uno solo, de manera que los árboles no nos impidan ver el bosque.

Se pueden hacer muchas variaciones de esta herramienta incorporando las famosas A/B *testing,* experimentación en general o midiendo los efectos red con herramientas estadísticas o modelos de causalidad a partir de datos existentes. Ten en cuenta que todo esto es siempre multifactorial. Va a ser difícil justificar un multiplicador concreto y normalmente es mejor situarse en una categoría específica de un rango. Eso es normalmente suficiente.

Sin embargo, *first things first.* Lo más importante al principio es alinear los efectos red, comprobar que no se cancelan entre sí y que todos van en la misma dirección. La tecnología actual permite que diferentes usuarios vean la misma plataforma o el mismo producto de maneras diversas. No estamos en el mundo físico y no hay excusas. Los efectos red deben estar alineados y crear un multiplicador.

¡Disfruta jugando con redes y *data-products*!

Capítulo 7

Competir en la era de la IA

La era de la IA generativa se caracteriza, como ya hemos visto, por una de las mayores disrupciones de la historia de la humanidad. Es evidente si nos fijamos en el enorme capital invertido y la enorme capitalización de las empresas involucradas que han alcanzado cotas jamás soñadas, de hasta 1 billón de dólares, pero ya se habla de alcanzar los 3 billones en el futuro. Aunque también si nos paramos a ver el tamaño de los mercados creados.

Si en 2010 el mercado del *software* era de 350 mil millones de dólares, en 2024 se ha alcanzado la cifra de 650 mil millones. Si incluimos la IA generativa en nuestros cálculos, estaríamos ante una cifra cercana a los 10 billones de dólares, es decir, 10 000 000 000 000. Cifras de vértigo que no hubiésemos podido ni imaginar.

Sin embargo, a pesar de todo ello, este es un mercado que aún está por construir. Apenas hemos visto los elementos de su infraestructura y las empresas que proporcionan las herramientas básicas para su desarrollo como OpenAI, Anthropic, Meta, Google... Sin embargo, el gran mercado, el mercado de las aplicaciones, todavía está por hacer. Prácticamente todo aquello que va a transformar nuestra vida y nuestra sociedad de manera más directa está aún por hacer.

De hecho, estamos asistiendo ahora mismo a lo que podríamos denominar como IA generativa 2.0. Hace ya un par de años que casi todo el sector tiene claro que el futuro son

White space

El gráfico incluye empresas con aproximadamente $1B+ en ingresos generados durante las transiciones de la nube y móvil

	NUBE	MÓVIL	IA
APLICACIONES	Salesforce Dropbox Zoom Hubspot RingCentral Pat Zoominfo Shopify ServiceNow Veeva Docusign Pycom Palatin Box Playlocity TheTradeDesk Workday Bill	Meta Airbnb Uber Pinterest Block Yelp Spotify DoorDash Delivery Hero Playtika Lyft TikTok Robinhood	TU LOGO AQUÍ
DESARROLLADORES	Twilio Atlassian Unity Datadog		Open AI Meta Anthropic
DATOS	Splunk Snowflake Dinatrace Elastic Mongo DB		
SEGURIDAD	Paloalto Crowdstrike Zscaler Cloudflare Okta		
INFRAESTRUCTURA	AWS Azure Google Cloud Platform	Apple	AWS Nvidia Azure Google Cloud Platform

Fig. 26

los agentes y los sistemas multiagentes. Ciertamente veremos aún importantes desarrollos en los modelos de lenguaje que lograrán alcanzar cotas de razonamiento de un doctorado o, incluso, niveles superiores. También veremos grandes avances en el abaratamiento de la tecnología y la reducción de su consumo de energía, así como grandes aumentos de su velocidad. Son desarrollos que ya podemos entrever y vendrán, principalmente, desde tres líneas.

En primer lugar, de los desarrollos de *hardware*. La ley de Moore, esa ley empírica que creó el cofundador de Intel en 1965, donde señalaba que el número de transistores de un chip se doblaba cada dos años, algo que ha seguido inalterable hasta ahora. Pues bien, esta ley que ha marcado la

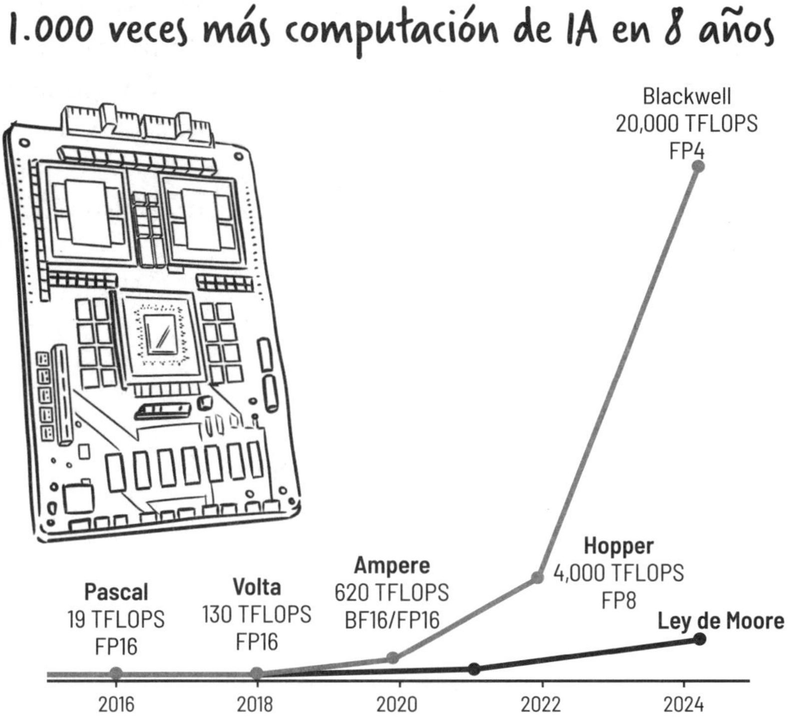

Fig. 27

historia de los microprocesadores y el mundo digital, hace tiempo que quedó atrás. En los últimos ocho años NVIDIA ha sido capaz de multiplicar por mil la capacidad de proceso de sus GPUs. Una cifra muy por encima de multiplicar por 2 cada 18 meses de la ley de Moore. Nada de todo esto parece tener un fin cercano, sino más bien lo contrario.

En segundo lugar, las librerías y los lenguajes de base. Lenguajes modernos como Mojo o Julia, nuevas librerías como Max de Modular, permiten aún enormes optimizaciones en cuanto a tiempo de proceso y paralelismo que van a permitir incremento de cientos o miles de veces el rendimiento de los sistemas actuales.

En tercer lugar, el progreso en los algoritmos y métodos de entrenamiento. Un progreso que ya hemos evidenciado en los nuevos modelos de OpenAI que permiten destilar en modelos más pequeños, usar datos sintéticos para el entrenamiento y alcanzar el rendimiento de un doctorando. Queda aún mucho camino por recorrer y algunas iteraciones antes de topar con el techo tecnológico. De hecho, en la actualidad hay muchos investigadores trabajando en el mundo *post-transformers* en ideas como los Liquid Neural Networks (LNN.)*

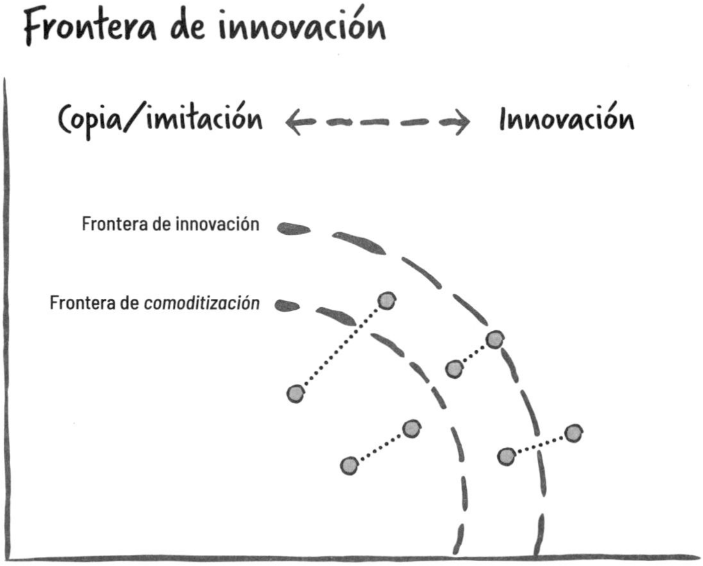

Fig. 28. Comparación entre la ley de Moore
y la escalabilidad de las GPUs

Más allá de los desarrollos tecnológicos fundamentales, nos interesa centrarnos en los sistemas de agentes y multiagentes. Un agente es un sistema de *software* capaz de interactuar con el mundo: puede comprarnos un billete de avión, buscarnos las mejores propuestas de hoteles, gestionarnos

* Un tipo de RNN (Recurrent Neural Networks) gobernado por ecuaciones diferenciales ajustables dinámicamente que les permite no solo una mayor economía computacional, sino también aprender de forma continua.

los temas burocráticos o reservarnos una mesa en un restaurante. En definitiva, un sistema de *software* que hará cosas en nuestro nombre automatizará buena parte de nuestra vida según nuestras instrucciones previas.

Pero un sistema de agentes también va a ser capaz de velar por nuestra salud, guiar nuestro aprendizaje y evaluarlo, alquilarnos un piso, vender casas o resolver problemas de *customer service*. Es decir, son sistemas a quienes les podremos encargar buena parte de nuestras tareas y a quienes las empresas, los gobiernos o las organizaciones en general podrán encargar muchas labores hasta ahora reservadas a los humanos.

Hablamos habitualmente de multiagentes porque son sistemas compuestos por más de uno. Algunos se dedican de planificar y coordinar, otros de buscar información y llegar a acuerdos, otros de verificar que toda la información sea correcta, otros de decidir basándose en las posibilidades existentes, etc. Son parecidos a grupos humanos encargados de tareas, donde cada uno de ellos tiene objetivos, credos e intenciones concretas.

Estos sistemas multiagente van a constituir el núcleo central de las aplicaciones que veremos en un futuro muy próximo. No solo llenarán el hueco de algunas *apps*, sino que cambiarán nuestras vidas y nuestra sociedad.

La gestión de la frontera tecnológica

Como ya hemos señalado, para nosotros y nuestras organizaciones el gran reto es la gestión de esta disrupción. Una disrupción que irá a diferentes velocidades, pero cuya frontera de lo posible se expandirá a gran velocidad por la altísima intensidad competitiva a la que están sometidos sus principales actores.

Hemos visto que toda disrupción implica una expansión de la frontera de posibilidades tecnológicas y por ello un aumento de las posibilidades de producir y la gestión de bienes y servicios. Ante esa expansión, las organizaciones deben decidir dónde se colocan en una frontera que, a su vez, está en continua expansión.

Colocarse en la frontera anterior solo es posible si la nueva tecnología no te afecta o te afecta de una manera muy marginal. Sin embargo, si se trata de una tecnología genérica, no adoptarla implica estar muerto. No hay profesionales que no usen un *smartphone,* internet o un ordenador. Esto es cosa del pasado. Pero si te afecta muy poco (como en el caso de la administración o de las industrias reguladas o en sectores donde esa innovación aún no aplique como, por ejemplo, ciertos tipos de agricultura, y solo en este caso), no hacer nada o casi nada podría ser una opción factible.

La siguiente opción, habitualmente la mayoritaria, es situarse entre las dos fronteras. Esto implica adoptar las nuevas tecnologías, pero no ser el primero en hacerlo. Es una opción que tiene un riesgo y un coste bajo. Se trata de copiar las mejores prácticas una vez estén algo asentadas y validadas en tu sector. Si no compites con innovación o la nueva tecnología no es esencial en tu negocio y puedes permitirte llegar tarde, entonces es una buena opción.

Situándote entre las dos fronteras no conseguirás nunca una ventaja competitiva y corres el riesgo de quedar desplazado, pero es una opción segura.

Sin embargo, esta es una opción que no puedes permitirte si la nueva tecnología va a transformar el mercado, posiblemente a un modelo *winner-takes-all,* donde habrá poco espacio para los medianos y ninguno para los pequeños. En ese caso solo tienes una opción: situarte, como mínimo, en la frontera. Si realmente quieres conseguir una ventaja competitiva, siempre temporal, debes intentar explorar el más allá de la frontera. Y es que la frontera es conocida: es donde están todos tus competidores.

Ciclo de sobreexpectación para la inteligencia artificial, 2024

Fig. 29

Dónde colocarse dependerá, por lo tanto, del mercado donde estés situado, de tu ambición y de las transformaciones que vaya a sufrir ese mercado. Ahora bien, toda disrupción es la gran oportunidad para reinventarse y ganar posiciones, es el momento donde los grandes son más débiles. Es, en definitiva, la oportunidad de las pequeñas organizaciones, la oportunidad de asaltar los cielos.

Este es también el caso de la IA generativa. En esta disrupción veremos cómo es posible automatizar la adquisición de clientes y el *customer service*. Veremos cómo las organizaciones se convertirán en más pequeñas y tecnificadas. Pensaréis que los grandes tienen ventaja; sin embargo, no la tienen o, al menos, no la tienen toda.

Los grandes avances vienen siempre de pequeños grupos con gran talento y aún más intensidad en su trabajo. Es muy difícil que eso se dé en organizaciones grandes. Es improbable que en una organización grande y acomodada encuentres grupos con los incentivos suficientes para trabajar catorce horas al día, seis o más días a la semana. O que esa multinacional sea a la vez ágil y quiera tomar riesgos. Nada de todo eso es imposible, pero convendréis conmigo en que difícil sí es.

También hay espacio para empresas pequeñas que apunten a transformaciones más modestas. Si en un área hay mucho que ganar, puedes centrarte en ella, intentar saltar posiciones y colocarte en una posición ventajosa. En las disrupciones hay espacio y oportunidades para todos.

La era de la IA

Cabría preguntarse primero cómo será este nuevo mundo donde la IA generativa lo transformará todo. A primera vista parece una pregunta difícil, pero no lo es tanto. Es un secreto a voces, algo que quizá a menudo queremos ignorar, pero que ya está presente en nuestras vidas.

Las capacidades cognitivas, la inteligencia, el lenguaje, nuestra capacidad de expresión y de persuasión, nuestra competencia para entender el mundo y relacionarnos... Todo eso dejará de ser algo exclusivamente humano y dispondremos de sistemas, programas, robots que harán realizarán estas tareas, con toda probabilidad mejor que nosotros mismos. Eso sí: nada de todo esto pasará de manera súbita ni de un modo uniforme. Será un proceso a diferentes velocidades de gestación y adopción, que en algunos momentos se acelerará y en otros parecerá detenerse, como ha ocurrido siempre en todos los procesos disruptivos. Pero no nos engañemos: ¡será inexorable y no tendrá vuelta atrás!

Esta no es una reflexión nueva, tampoco es desconocida; es algo en lo que probablemente todos estamos de acuerdo, pero que a muchos les gustaría poder esquivar. No digo que sea imposible, pero entrañará, como hemos visto, sus dificultades.

La pregunta compleja no es hacia dónde nos lleva el progreso tecnológico, eso es hasta obvio, sino, más bien, qué haremos con él, qué tipo de sociedad construiremos con estas nuevas herramientas. Es siempre paradójico que aquello que está más cerca de nuestras manos sea lo más inescrutable y que la gran incógnita, aquello que son los mimbres de ese futuro, sea —al menos en lo genérico— altamente predecible.

Como siempre, es más difícil predecir el comportamiento de los humanos y las sociedades que la evolución tecnológica. Como reflexionaba el filósofo Immanuel Kant, lo inexplicable, lo más fascinante se encuentra en la comprensión del cielo estrellado, del mundo físico, pero también del orden moral, de la cultura que construye todos los rincones de nuestra sociedad y que nos hace humanos.

En este mundo de cambio acelerado en el que nos ha tocado vivir hay tres errores en los que no debemos caer. Son errores comunes, resultado de las limitaciones cognitivas y sociales que nos hacen humanos:

1. El primero es pensar que estamos solos. Bien, no es exactamente eso, es pensar que nuestro futuro y nuestras acciones dependen solo de nosotros, que los demás no juegan ese partido y que, por lo tanto, decidiremos qué hacer con independencia de ellos. Pues bien, no es cierto: **nuestras actuaciones dependen y compiten con las de los demás, a nivel de organización e, incluso, de manera nacional.** Si todo el mundo adopta la IA generativa, no tendremos la opción de no adoptarla porque no podríamos competir. Esta visión de interdependencia es sumamente importante ante cualquier disrupción, en especial cuando esta es global y genérica, puesto que puede aplicarse a casi todo.

2. El segundo gran error es pensar que el pasado determinará o, al menos, será una ventaja de primer or-

den en la construcción del futuro. **Las infraestructuras, las organizaciones, incluso las instituciones que hemos construido en el pasado han supuesto una ventaja de primer orden.** Pero este es un mundo donde la movilidad se incrementará y muchos que antes no jugaban, serán ahora protagonistas del cambio. Hemos asistido en estas últimas décadas al crecimiento de Japón, Corea, China... y quizá ahora de Vietnam y Oriente Medio. Sitios en donde antes no pasaba nada en el ámbito tecnológico, ahora pasa todo, de forma masiva y determinante. Es una realidad que, lejos de desaparecer, se acentuará. Competir en este mundo global es cosa de muchos y no ya de unos pocos.

3. El tercer elemento que a menudo olvidamos es que aquellas competencias que con tanto esfuerzo hemos atesorado se convertirán en algo que estará al alcance de todos y sin esfuerzo. Ya está pasando: escribir a nivel académico en un idioma que no es el tuyo ha sido para muchos una barrera difícil de franquear. Hoy ya no lo es. Programas como ChatGPT escriben al nivel que les pidas sin esfuerzo alguno. La capacidad matemática y de razonamiento están al caer, así como muchas otras competencias que redefinirán lo que es humano. La única alternativa está en participar en esa redefinición, reaprendiendo y acostumbrándonos a vivir con cointeligencias que estarán a nuestro nivel y nos superarán en muchos aspectos. Nada de esto es nuevo. Como vimos en otros capítulos, antes de la aparición de los programas de contabilidad, los contables hacían largas sumas a mano en el diario que después pasaban afanosamente al mayor. La capacidad de realizar todas estas operaciones sin error era una competencia básica de la profesión. La llegada masiva de las calculadoras y las hojas de

cálculo, como Visicalc o Lotus 1-2-3, cambió radicalmente todo eso. Los contables se convirtieron en analistas financieros que hacían sofisticadas proyecciones en esas hojas de cálculo y la profesión alcanzó un grado de efectismo inimaginable en los tiempos de las sumas a mano. Algo parecido está ocurriendo, pero en lugar de afectar a una competencia relativamente limitada, nos está afectando de manera global. De ahí la profundidad del cambio.

La única alternativa está en los valores, en la cultura. Como se suele decir, *hard work beats talent when talent doesn't work hard* (o «el trabajo gana al talento cuando este no trabaja lo suficiente»). **Reinventarse dejará de ser opcional.**

A lo largo del libro hemos discutido de forma pormenorizada las disrupciones. Estas han sido, a lo largo de la historia de la humanidad, una rareza, un cisne negro. La innovación radical prácticamente no ha existido, la historia ha estado protagonizada por innovaciones incrementales. Pero ahora esta situación ha cambiado, el mundo avanza a golpe de disrupciones basándose en mecanismos como el *hype loop*. Son muchas las circunstancias que lo hacen posible y los incentivos que lo impulsan. Entre ellas, encontramos la acumulación de conocimiento, la globalización, la extrema conectividad entre todos los habitantes del planeta —que ya no están a seis grados de separación, sino a un clic de distancia—. Y, claro, también están los incentivos, puesto que los líderes ya no están dispuestos a esperar décadas para cambiar el mundo o visualizar los frutos de su trabajo. Líderes que quieren ocupar Marte y que quieren hacerlo durante su periodo vital y para ello movilizan el *hype* que haga falta, los recursos necesarios y rompen todo lo imprescindible las veces que haga falta.

Todo esto nos conduce a un escenario donde la disrupción es el *new normal.* El mundo ya no avanza con la innovación incremental a la que nos tenía acostumbrados, sino a golpe de disrupción. Disrupciones que a veces tienen un éxito repentino, aunque aún no sepamos en qué emplearlas, como la IA generativa. Otras, en cambio, se quedan atascadas justo en sus comienzos, como el metaverso. Algunas otras tardan más de lo previsto, pero llegan de forma inexorable, como los robotaxis o los robots humanoides.

> La disrupción forma ya parte del arsenal básico del innovador y de nuestra realidad. Es algo con lo que debemos aprender a convivir y a competir. Es una parte básica de la estrategia de las organizaciones.

Pero este mundo cambiante está lejos de ser plano y uniforme. Es un mundo de geometría variable que funciona a muchas velocidades simultáneamente y con grandes diferencias entre centros y periferias. Es algo que se aprecia perfectamente en estos inicios de la revolución de la IA generativa. Mientras las mejores empresas ya tienen proyectos o pilotos en funcionamiento, con inversiones ambiciosas que pretenden no solo transformar su organización, sino transformar mercados, en la gran mayoría de organizaciones aún no ha pasado nada ni se espera que nada pase en un futuro próximo. Esto sucede en varias geografías, y a varios niveles; también en sitios que *a priori* imaginaríamos como inesperados. Por ejemplo, tenemos robotaxis funcionando en piloto o en producción en California, Texas, Pekín, Shanghái, pero también en Wuhan y en Tokio, aunque no han llegado a Europa.

Aprovechar las rugosidades de un planeta que, aunque con una comunicación prácticamente instantánea, no es ni mucho menos plano ni parece que tienda a serlo ya forma parte de nuestro arsenal competitivo.

Lo primero es conocer qué ha cambiado en cada disrupción y dónde; entender hasta qué punto la disrupción es genérica o sectorial. Comprender si adoptar las nuevas tecnologías comportará una ventaja competitiva solo para los adoptantes o si, en cambio, como internet, las herramientas de búsqueda o los ordenadores, todo el mundo va a adoptarlas, por lo que se redefinirá la forma de competir. En este caso, como ya hemos visto, no vamos a poder obtener una ventaja competitiva porque todos la tendrán.

A partir de ese entendimiento decidiremos dónde situarnos. Competiremos en capacidades globales con todo lo que ello supone o en mercados de nicho con unos retornos mucho menores, pero mucho más defendibles o en escala, reduciendo costes marginales a prácticamente cero y reconvirtiendo mercados hacia estructuras de *power-law*, de *winner-takes-it-all.* No nos engañemos: siempre es una combinación de los tres, capacidades, amplitud *(scope)* y escala, y siempre es dinámico, pero los recursos necesarios para situarse en uno o en otro son muy diferentes, como también lo son las expectativas de captura de valor.

Como el futuro de la tecnología, el resultado es sobradamente conocido: no podrás luchar contra la adopción social. No podrás luchar contra lo inevitable. Tu única opción es colaborar con lo ineludible y, al hacerlo, contribuirás a que se cumpla. Pero recuerda: reinventar y reinventarse no sale gratis, como decía el conejo de Alicia. Hay que correr mucho para estar en el mismo sitio y si quieres avanzar, hay que correr aún más.

Agradecimientos

El libro que tenéis en vuestras manos es el resultado de años de docencia en la Esade. Su contenido se encuentra mayoritariamente sin publicar en revistas académicas, porque los días se empeñan en tener solo veinticuatro horas, y el panorama ha ido evolucionando con los años.

Parte de este material es fruto de colaboraciones con otros académicos y amigos. El tercer capítulo es el resultado de mi colaboración con Ted Tschang de la SMU (Singapore Management University), y el sexto, con Christopher Tucci, del Imperial College de Londres y NEOM. A ellos se debe en buena parte el crédito de estas páginas.

Pero sin duda este libro no hubiese sido posible sin mi mujer Anna Forastier y mi hijo Esteve Almirall. Sin ellos no habría visto jamás la luz. A ellos les debo este proyecto y, sin duda, muchas cosas más.

Hay otra persona esencial en este pequeño milagro. La mejor editora del mundo, mi ya amiga Andrea Toribio, sin cuya paciencia y apoyo este libro hubiese sido imposible.

Esteve Almirall

Lecturas recomendadas

ACEMOGLU, D. (2023). *Power & Progress.* Londres: John Murray Press.

— (2023). *The Narrow Corridor.* Londres: John Murray Press.

— & J. A. Robinson (2012). *Why Nations Fail.* Nueva York: Crown Business.

ADNER, R. (2012). *The Wide Lens.* Nueva York: Portfolio.

— (2022). *Winning the Right Game.* Cambridge: MIT Press.

ANG, Y. Y. (2016). *How China Escaped the Poverty Trap.* Ithaca: Cornell University Press.

ARTHUR, W. B. (2009). *The Nature of Technology.* Nueva York: Free Press.

BEINHOCKER, E. D. (2006). *The Origin of Wealth.* Boston: Harvard Business School Press.

BREZNITZ, D. (2021). *Innovation in Real Places.* Nueva York: Oxford University Press.

— (2021). *Innovation State.* Nueva York: Yale University Press.

BERMAN, E. (2022). *Thinking Like an Economist.* Princeton: Princeton University Press.

CHEN, A. (2021). *The Cold Start Problem.* Nueva York: Harper Business.

COHEN, S. S., & J. B. DeLong (2016). *Concrete Economics.* Boston: Harvard Business Review Press.

CONARD, E. (2016). *The Upside of Inequality.* Nueva York: Portfolio.

DALIO, R. (2021). *The Changing World Order.* Nueva York: Avid Reader Press.

DOERR, J. (2018). *Measure What Matters.* Nueva York: Portfolio.

JIN, KEYU (2024). *The New China Playboook.* New York: Swift Press.

JOHNSON, S. (2014). *How We Got to Now.* Nueva York: Riverhead Books.

— (2010). *Where Good Ideas Come From.* Nueva York: Riverhead Books.

KRUGMAN, P. (2007). *Top 25 Developed and Developing Countries.* Nueva York: W. W. Norton & Company.

LAKHANI, K. R., & M. IANSITI (2020). *Competing in the Age of AI.* Boston: Harvard Business Review Press.

LIST, J. A. (2022). *The Voltage Effect.* Nueva York: Currency.

MALLABY, S. (2022). *The Power Law.* Nueva York: Penguin Press.

MILANOVIC, B. (2019). *Capitalism, Alone.* Cambridge: Harvard University Press.

MOLLICK, ETHAN. (2024). *Co-Intelligence.* New York: Penguin Publishing Group.

PARKER, G., M. W. VAN ALSTYNE & S. P. CHOUDARY (2016). *Platform Revolution.* Nueva York: W. W. Norton & Company.

PHELPS, E. S. (2020). *Dynamism.* Cambridge: Harvard University Press.

RIDLEY, M. (2020). *How Innovation Works.* Nueva York: Harper.

SENOR, D., & S. SINGER (2009). *Start-Up Nation.* Nueva York: Twelve.

SMIL, V. (2023). *Invention and Innovation.* Nueva Inglaterra: MIT Press.

SULEYMAN, M. (2023). *The Coming Wave.* Nueva York: Crown.

WEST, G. (2017). *Scale.* Nueva York: Penguin Press.

ZACKARY, M. (2019). *The Politics of Innovation.* Nueva York: Oxford University Press.

ZHU, F. (2021). *Smart Rivals.* Cambridge: Harvard Business School Press.

Este libro se imprimió
en Unigraf